GEOMETRIA ANALÍTICA

Luana Fonseca Duarte Fernandes

GEOMETRIA ANALÍTICA

2ª edição

Rua Clara Vendramin, 58, Mossunguê
CEP 81200-170, Curitiba, PR, Brasil
Fone: (41) 2106-4170
www.intersaberes.com
editora@intersaberes.com

Conselho editorial – Dr. *Alexandre Coutinho Pagliarini*
Dr.ª *Elena Godoy*
Dr. *Neri dos Santos*
M.ª *Maria Lúcia Prado Sabatella*

Editora-chefe – *Lindsay Azambuja*

Gerente editorial – *Ariadne Nunes Wenger*

Assistente editorial – *Daniela Viroli Pereira Pinto*

Edição de texto – *Monique Francis Fagundes Gonçalves*

Capa – *Sílvio Gabriel Spannenberg*

Projeto gráfico – *Bruno Palma e Silva*

Diagramação – *Andreia Rasmussen*

Iconografia – *Regina Claudia Cruz Prestes*

Dados Internacionais de Catalogação na Publicação (CIP)
(Câmara Brasileira do Livro, SP, Brasil)

Fernandes, Luana Fonseca Duarte
 Geometria analítica / Luana Fonseca Duarte Fernandes. --
2. ed. -- Curitiba, PR : Editora Intersaberes, 2023.

 Bibliografia.
 ISBN 978-85-227-0648-8

 1. Geometria analítica - Estudo e ensino 2. Matemática -
Estudo e ensino I. Título.

23-152455   CDD-516.307

Índices para catálogo sistemático:
1. Geometria analítica : Matemática : Estudo e ensino   516.307
Eliane de Freitas Leite - Bibliotecária - CRB 8/8415

1ª edição, 2016.

2ª edção, 2023.

Foi feito o depósito legal.

Informamos que é de inteira responsabilidade da autora a emissão de conceitos.

Nenhuma parte desta publicação poderá ser reproduzida por qualquer meio ou forma sem a prévia autorização da Editora InterSaberes.

A violação dos direitos autorais é crime estabelecido na Lei n. 9.610/1998 e punido pelo art. 184 do Código Penal.

Sumário

Apresentação 7

Organização didático-pedagógica 9

1 Descobrindo vetores 13

    1.1 Preliminares: notações e definições 13

    1.2 Soma de vetores 27

    1.3 Produto de número real por vetor 31

    1.4 Soma de ponto com vetor 35

2 A importância da base 41

    2.1 Combinações lineares 41

    2.2 Dependência linear 44

    2.3 Base 48

3 Desvendando novos produtos 63

    3.1 Produto escalar 63

    3.2 Produto vetorial 72

    3.3 Produto misto 77

4 O mundo das retas e dos planos 87

    4.1 Equações da reta e do plano 87

    4.2 Intersecção de retas e planos 95

    4.3 Posição relativa de retas e planos 100

    4.4 Perpendicularidade e ortogonalidade 104

5 Utilizando distância e ângulos 111

    5.1 Medida angular 111

    5.2 Distâncias 116

    5.3 Mudança no sistema de coordenadas 122

6 A beleza das cônicas 129

    6.1 Elipse, hipérbole e parábola 129

    6.2 Identificação de uma cônica 146

Considerações finais 155

Referências 157

Bibliografia comentada 159

Respostas 161

Sobre a autora 163

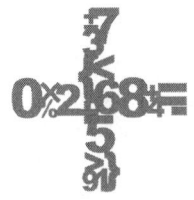

Apresentação

A geometria analítica foi desenvolvida por René Descartes. Apesar de já existirem estudos sobre o assunto, foi ele quem a desenvolveu e organizou. A geometria analítica consiste na descrição de aspectos, propriedades e entes geométricos por meio da álgebra. Por esse motivo, buscaremos, nos primeiros capítulos, desenvolver os assuntos com foco na geometria e, nos demais, relacionar o geométrico com o algébrico. Neste livro, utilizaremos uma linguagem simples, clara e objetiva para abordar os temas, sem prescindir do rigor matemático envolvido, e usaremos figuras, exemplos e exercícios resolvidos para auxiliar na compreensão dos conteúdos. Ao final de cada capítulo, há exercícios com o objetivo de avaliar a compreensão teórica dos conceitos tratados e possibilitar a aplicação destes. As respostas dos exercícios de autoavaliação encontram-se ao final do livro.

Este livro se destina a alunos de graduação em Matemática e outras áreas afins, apresentando os conteúdos essenciais para o estudo da geometria. Portanto, os requisitos básicos para a leitura deste livro são os conteúdos do ensino médio.

No primeiro capítulo, apresentaremos os principais assuntos da geometria analítica, iniciando por vetores e suas operações, que são tema-base para o desenvolvimento dos demais. No segundo capítulo, examinaremos os conceitos de dependência linear e base e, na sequência, no terceiro capítulo, abordaremos os produtos vetorial, escalar e misto relacionados com propriedades já conhecidas de geometria plana. No quarto capítulo, trataremos de equações, intersecção e posição relativa de retas e planos. No quinto, veremos medida angular, distância e mudança no sistema de coordenadas. No último capítulo, destacaremos a beleza das cônicas e sua classificação. Há muito mais a ser dito sobre elas, porém enfocaremos apenas o conceito e suas propriedades.

Esperamos que os conteúdos aqui contemplados, com os exercícios e os exemplos, possam contribuir para a ampliação de seu conhecimento, leitor. Também esperamos que sejam fonte de pesquisas e base para o aprofundamento de seus estudos.

Organização Didático-Pedagógica

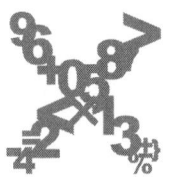

Esta seção tem a finalidade de apresentar os recursos de aprendizagem utilizados no decorrer da obra, de modo a evidenciar os aspectos didático-pedagógicos que nortearam o planejamento do material e como o aluno/leitor pode tirar o melhor proveito dos conteúdos para seu aprendizado.

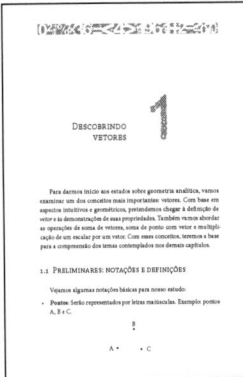

Introdução do capítulo

Logo na abertura do capítulo, você é informado a respeito dos conteúdos que nele serão abordados, bem como dos objetivos que o autor pretende alcançar.

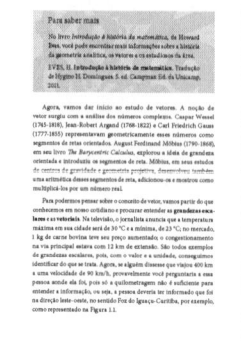

Para saber mais

Você pode consultar as obras indicadas nesta seção para aprofundar sua aprendizagem.

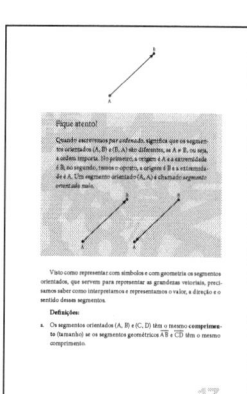

Fique atento!

Aqui você encontra algumas informações importantes para poder compreender adequadamente os conteúdos abordados.

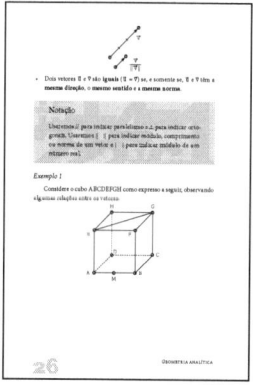

Notação

Nesta seção, a autora destaca alguns símbolos matemáticos que compõem a notação empregada na exposição dos conteúdos.

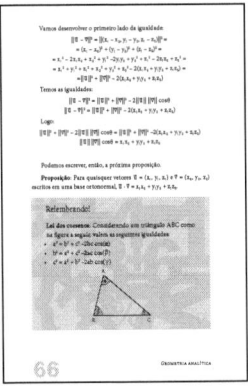

Relembrando!

Com esta seção, você tem a oportunidade de rever alguns conceitos matemáticos que são fundamentais para o entendimento dos conteúdos tratados na obra.

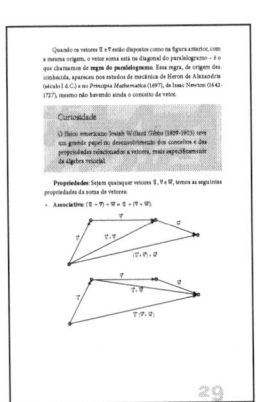

Curiosidade

Aqui a autora apresenta algumas informações complementares a fim de enriquecer sua percepção sobre os conceitos em análise.

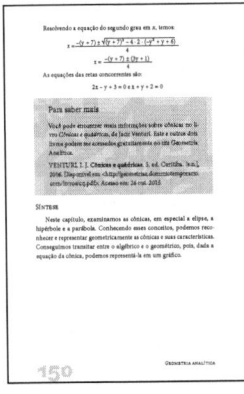

Síntese

Você conta, nesta seção, com um recurso que o instigará a fazer uma reflexão sobre os conteúdos estudados, de modo a contribuir para que as conclusões a que você chegou sejam reafirmadas ou redefinidas.

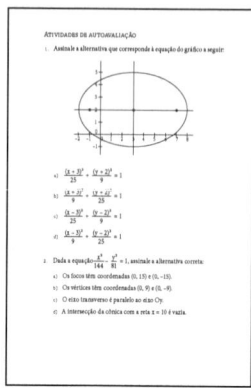

Atividades de autoavaliação

Com estas questões objetivas, você tem a oportunidade de verificar o grau de assimilação dos conceitos examinados, motivando-se a progredir em seus estudos e a se preparar para outras atividades avaliativas.

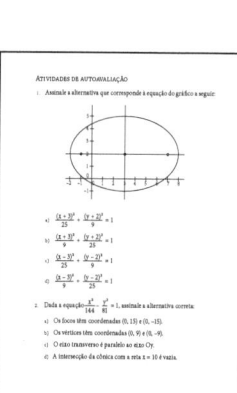

Atividades de aprendizagem

Aqui você dispõe de questões cujo objetivo é levá-lo a analisar criticamente determinado assunto e aproximar conhecimentos teóricos e práticos.

Descobrindo Vetores

Para darmos início aos estudos sobre geometria analítica, vamos examinar um dos conceitos mais importantes: vetores. Com base em aspectos intuitivos e geométricos, pretendemos chegar à definição de *vetor* e às demonstrações de suas propriedades. Também vamos abordar as operações de soma de vetores, soma de ponto com vetor e multiplicação de um escalar por um vetor. Com esses conceitos, teremos a base para a compreensão dos temas contemplados nos demais capítulos.

1.1 Preliminares: notações e definições

Vejamos algumas notações básicas para nosso estudo:

- **Pontos**: Serão representados por letras maiúsculas. Exemplo: pontos A, B e C.

    B
    •

    A •   • C

- **Retas**: Serão representadas por letras minúsculas ou por duas letras maiúsculas. Exemplo: reta *r* ou reta $\overrightarrow{AB}$, definida pelos pontos A e B.

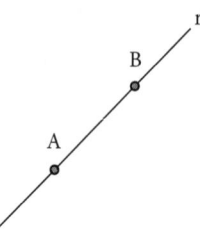

- **Segmentos ou segmentos de reta**: Serão representados por letras maiúsculas usando-se os pontos que definem o segmento. Exemplo: $\overline{AB}$.

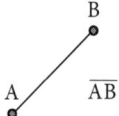

- **Retas paralelas**: Duas retas são paralelas quando não há intersecção entre si.

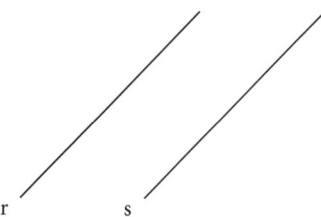

- **Segmentos paralelos**: Dois segmentos são paralelos se as retas que os contêm são paralelas ou coincidentes.

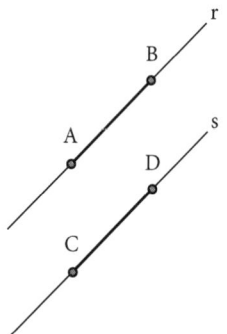

> **Para saber mais**
>
> No livro *Introdução à história da matemática*, de Howard Eves, você pode encontrar mais informações sobre a história da geometria analítica, os vetores e os estudiosos da área.
>
> **EVES, H. Introdução à história da matemática.** Tradução de Hygino H. Domingues. 5. ed. Campinas: Ed. da Unicamp, 2011.

Agora, vamos dar início ao estudo de vetores. A noção de vetor surgiu com a análise dos números complexos. Caspar Wessel (1745-1818), Jean-Robert Argand (1768-1822) e Carl Friedrich Gauss (1777-1855) representavam geometricamente esses números como segmentos de retas orientados. August Ferdinand Möbius (1790-1868), em seu livro *The Barycentric Calculus*, explorou a ideia de grandeza orientada e introduziu os segmentos de reta. Möbius, em seus estudos de centros de gravidade e geometria projetiva, desenvolveu também uma aritmética desses segmentos de reta, adicionou-os e mostrou como multiplicá-los por um número real.

Para podermos pensar sobre o conceito de vetor, vamos partir do que conhecemos em nosso cotidiano e procurar entender as **grandezas escalares** e as **vetoriais**. Na televisão, o jornalista anuncia que a temperatura máxima em sua cidade será de 30 °C e a mínima, de 23 °C; no mercado, 1 kg de carne bovina teve seu preço aumentado; o congestionamento na via principal estava com 12 km de extensão. São todos exemplos de grandezas escalares, pois, com o valor e a unidade, conseguimos identificar do que se trata. Agora, se alguém dissesse que viajou 400 km a uma velocidade de 90 km/h, provavelmente você perguntaria a essa pessoa aonde ela foi, pois só a quilometragem não é suficiente para entender a informação, ou seja, a pessoa deveria ter informado que foi na direção leste-oeste, no sentido Foz do Iguaçu-Curitiba, por exemplo, como representado na Figura 1.1.

Figura 1.1 – Deslocamento (Foz do Iguaçu-Curitiba)

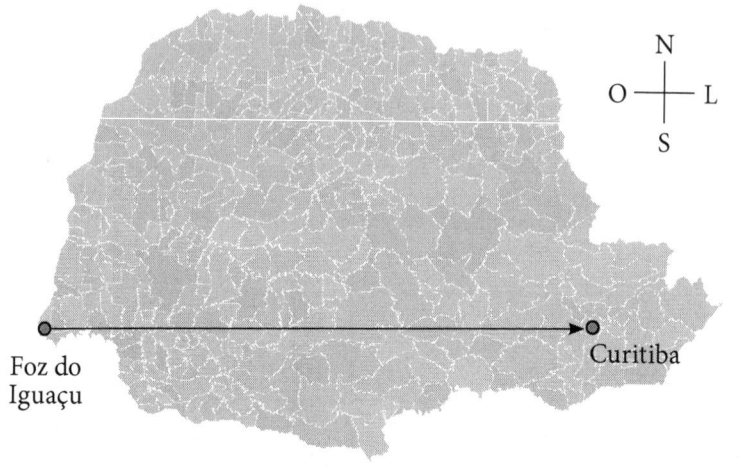

Considere agora outro exemplo: você vai mover uma caixa; para isso, é necessário aplicar uma força de 5 newtons (N). Só essa informação não basta, pois precisamos saber em que direção e sentido você aplicará essa força, se vai levantar, puxar, empurrar ou mover.

Velocidade, força e deslocamento são exemplos de grandezas vetoriais; é preciso que se acrescentem dados sobre intensidade, direção e sentido para podermos compreendê-las. Para representarmos essas grandezas vetoriais, utilizamos um segmento de reta com uma seta, um vetor na essência, como mostrado a seguir:

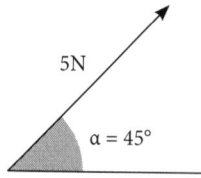

Vamos estudar esses segmentos de reta chamados de *segmentos orientados* para compreendermos o conceito de vetor.

Definição: Um **segmento orientado** (A, B) é um par ordenado de pontos do espaço, sendo A a origem e B a extremidade do segmento.

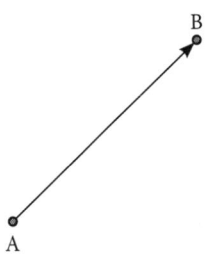

Fique atento!

Quando escrevemos *par ordenado*, significa que os segmentos orientados (A, B) e (B, A) são diferentes, se A ≠ B, ou seja, a ordem importa. No primeiro, a origem é A e a extremidade é B; no segundo, temos o oposto, a origem é B e a extremidade é A. Um segmento orientado (A, A) é chamado *segmento orientado nulo*.

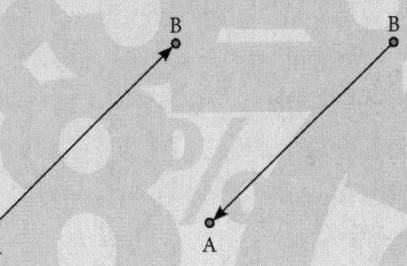

Visto como representar com símbolos e com geometria os segmentos orientados, que servem para representar as grandezas vetoriais, precisamos saber como interpretamos e representamos o valor, a direção e o sentido desses segmentos.

Definições:

a. Os segmentos orientados (A, B) e (C, D) têm o mesmo **comprimento** (tamanho) se os segmentos geométricos $\overline{AB}$ e $\overline{CD}$ têm o mesmo comprimento.

mesmo comprimento

mesmo comprimento

comprimentos diferentes

comprimentos diferentes

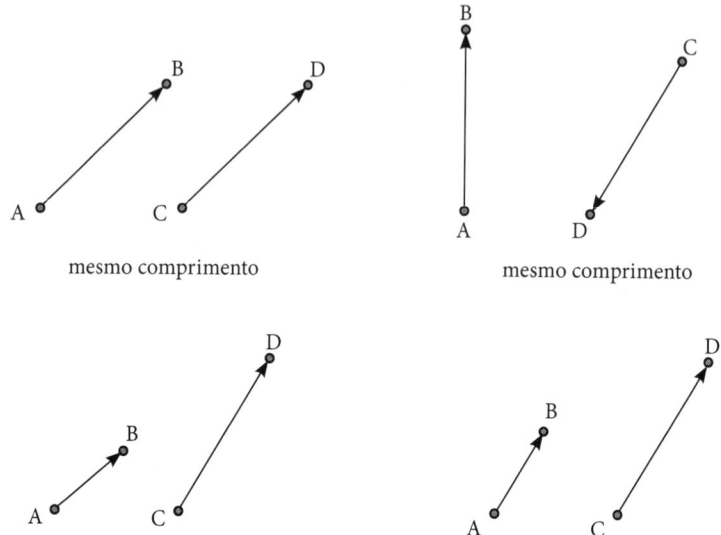

b. Os segmentos orientados (A, B) e (C, D) têm a mesma **direção** (são paralelos) se os segmentos geométricos $\overline{AB}$ e $\overline{CD}$ são paralelos (inclui-se o caso de colineares). Caso contrário, eles não têm a mesma direção.

mesma direção (são paralelos)

direções diferentes
(não são paralelos)

direções diferentes
(não são paralelos)

mesma direção
(são paralelos)

mesma direção
(são colineares)

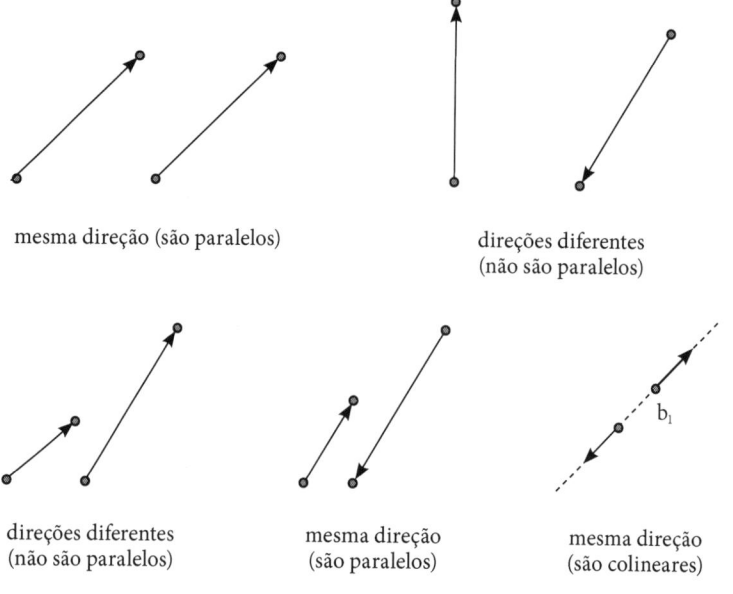

c. Considerando (A, B) e (C, D) segmentos **orientados paralelos**, temos:

- Se as retas $\overleftrightarrow{AB}$ e $\overleftrightarrow{CD}$ são distintas, os segmentos orientados (A, B) e (C, D) têm o mesmo **sentido** quando os segmentos geométricos $\overline{AC}$ e $\overline{BD}$ não se intersectam (não se cruzam). Caso contrário, ou seja, se há intersecção, então os segmentos orientados têm sentidos opostos.

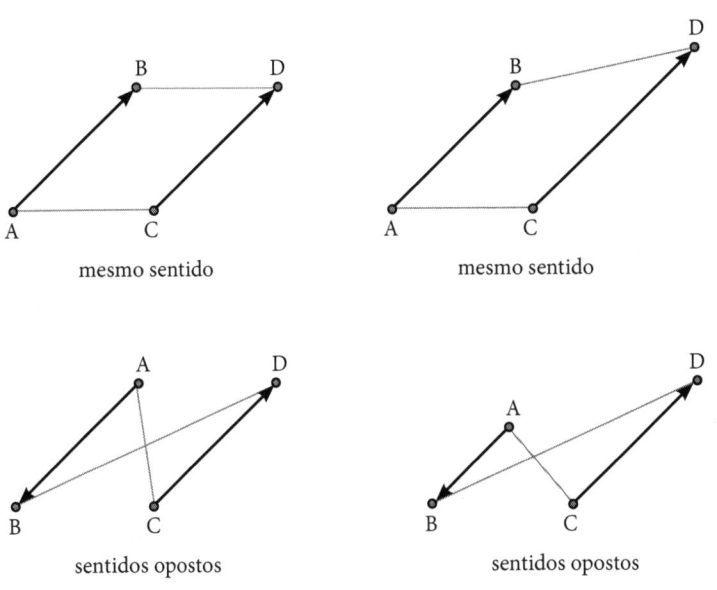

- Quando os pontos A, B, C e D são colineares, para compararmos os segmentos orientados (A, B) e (C, D), devemos primeiramente criar um terceiro segmento orientado qualquer (E, F) com o mesmo sentido de (A, B), porém com os pontos E e F pertencentes a uma reta paralela e distinta da reta que contém os pontos A, B, C e D. Assim como fizemos no item anterior, comparamos os sentidos de (E,F) com (C, D). Se tiverem o mesmo sentido, (A, B) e (C, D) terão o mesmo sentido; caso contrário, terão sentidos opostos.

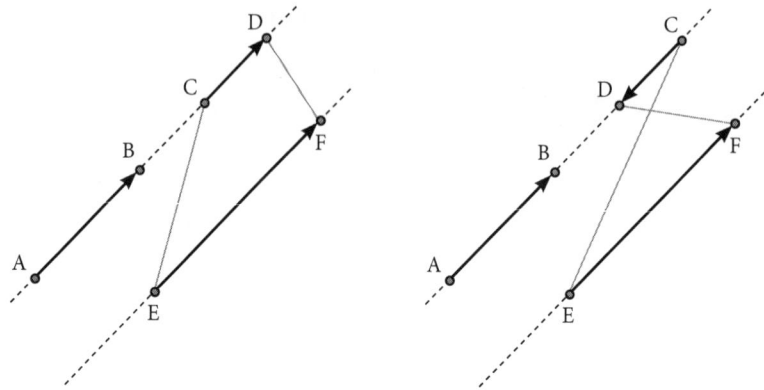

Vamos entender melhor os conceitos de sentido e direção. Por exemplo, há duas ruas paralelas, e dizemos que uma vai no sentido centro e outra no sentido bairro; podemos dizer também que formam uma via de duas mãos, uma vai e outra vem. Nas duas formas de nomeá-las, há sentidos opostos. Observe a figura a seguir: as ruas B e C têm a mesma direção, são paralelas, porém têm sentidos opostos. As ruas D e E têm a mesma direção e o mesmo sentido. A rua A é de mão dupla, tem dois sentidos. Não podemos comparar os sentidos, por exemplo, de A e E, pois elas não têm a mesma direção, ou seja, não são paralelas.

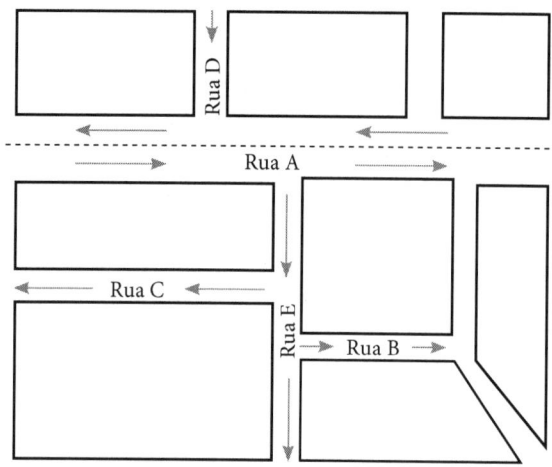

> **Fique atento!**
>
> Quando falamos em segmentos paralelos, estamos considerando o caso de serem paralelos distintos (retas distintas) ou colineares (uma mesma reta).

Definição: Dizemos que os segmentos orientados (A, B) e (C, D) são **equipolentes** quando ambos são nulos ou, caso nenhum deles seja nulo, quando têm a mesma direção, comprimento e sentido.

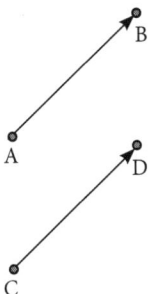

Proposição: A relação de equipolência (A, B) ~ (C, D) (lê-se "(A, B) equipolente a (C, D)") é uma relação de equivalência, ou seja, valem as seguintes propriedades:

- Reflexiva: (A, B) ~ (A, B).
- Simétrica: Se (A, B) ~ (C, D), então (C, D) ~ (A, B).
- Transitiva: Se (A, B) ~ (C, D) e (C, D) ~ (E, F), então (A, B) ~ (E, F).

Exercício resolvido 1

Prove que, se (A, B) ~ (C, D), então (A, C) ~ (B, D).

Considere os segmentos orientados (A, B), (C, D), (A, C) e (B, D), tal que (A, B) ~ (C, D). O quadrilátero ABDC é, portanto, um paralelogramo. Temos que os lados AB e CD são de mesmo tamanho e são paralelos ((A, B) ~ (C, D)). Por isso os lados AC e BD são de mesmo tamanho e (A, C) ~ (B, D) são paralelos. Logo, já sabemos que os segmentos orientados (A, C) e (B, D) têm o mesmo comprimento e a mesma direção; só falta mostrar que eles também têm o mesmo sentido. Pelo fato de AB e

CD serem lados do paralelogramo, eles não se cruzam, então (A, C) e (B, D) têm o mesmo sentido. Portanto, (A, C) ~ (B, D).

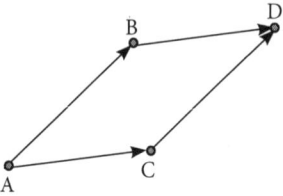

Definições:

- Uma **classe de equipolência** de um segmento orientado (A, B) é o conjunto de todos os segmentos orientados equipolentes a (A, B).

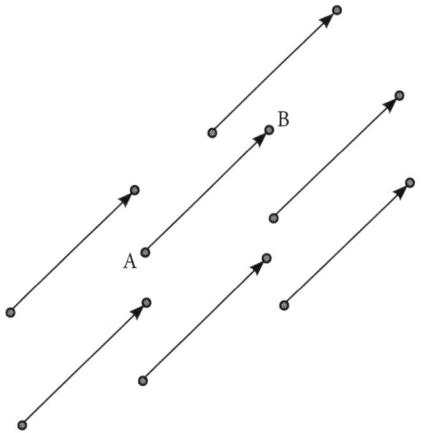

- O **vetor** $\overrightarrow{AB}$ é uma classe de segmentos orientados equipolentes ao segmento orientado (A, B).

> **Notação**
>
> Usaremos a notação $\overrightarrow{AB}$ para nos referirmos ao vetor que tem como um de seus representantes o segmento orientado (A, B). Quando não fizermos referência a nenhum representante específico de um vetor, utilizaremos letras minúsculas. Exemplo: $\vec{u}$.

Curiosidade

A palavra *vetor* deriva do verbo latino *vehere*, que significa "transportar", "levar".

Observe que o vetor é uma **classe**. Ele é formado por infinitos segmentos orientados que têm o mesmo comprimento, a mesma direção e o mesmo sentido. Assim, escolhemos um representante dessa classe para representar geométrica e algebricamente. Dessa maneira, dado um ponto C qualquer no espaço e um vetor qualquer $\vec{u}$, sempre conseguimos um representante de $\vec{u}$ com origem em C. Digamos que podemos "teletransportar"; na verdade, escolhemos um representante conveniente, afinal, vetor é uma classe de segmentos orientados. Portanto, escolhemos o mais adequado para nós.

Fique atento!

Podemos "deslocar" um vetor desde que o comprimento, a direção e o sentido permaneçam os mesmos.

Vejamos, na sequência, alguns tipos especiais de vetores e suas propriedades, bem como algumas relações entre eles.

- **Vetor nulo** é o que tem como representante o segmento orientado nulo, que indicaremos por $\vec{O}$ ou $\overrightarrow{AA}$. Como esse vetor não tem direção e sentido definidos, consideramos o vetor nulo paralelo a qualquer vetor.

- Dois vetores $\vec{u}$ e $\vec{v}$ são **paralelos** ($\vec{u} \parallel \vec{v}$) se os respectivos representantes têm a **mesma direção**, ou seja, se eles igualmente são paralelos.

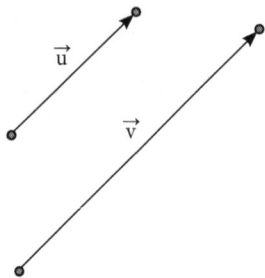

- Os vetores $\vec{u}$ e $\vec{v}$ são **ortogonais** se os respectivos representantes são ortogonais. O vetor nulo é ortogonal a qualquer vetor.

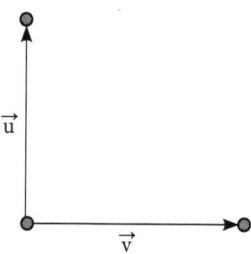

- Dado um vetor $\vec{u}$ e seja (A, B) um representante, então podemos escrever $\vec{u} = \overrightarrow{AB}$. O **vetor oposto** a $\overrightarrow{AB}$ é o vetor $\overrightarrow{BA} = -\overrightarrow{AB}$, que podemos indicar também por $-\vec{u}$.

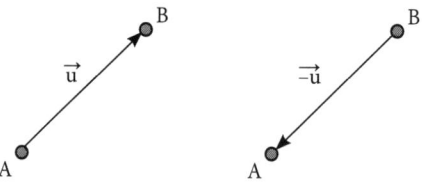

- Dizemos que dois vetores $\vec{u}$ e $\vec{v}$ têm a **mesma direção**, ou seja, são paralelos, se um representante de $\vec{u}$ é paralelo a um representante de $\vec{v}$.

mesma direção   mesma direção   mesma direção

- Dois vetores $\vec{u}$ e $\vec{v}$ com a **mesma direção** (paralelos) têm o **mesmo sentido** se um representante de $\vec{u}$ tem o mesmo sentido de um representante de $\vec{v}$. Caso contrário, eles têm sentidos opostos.

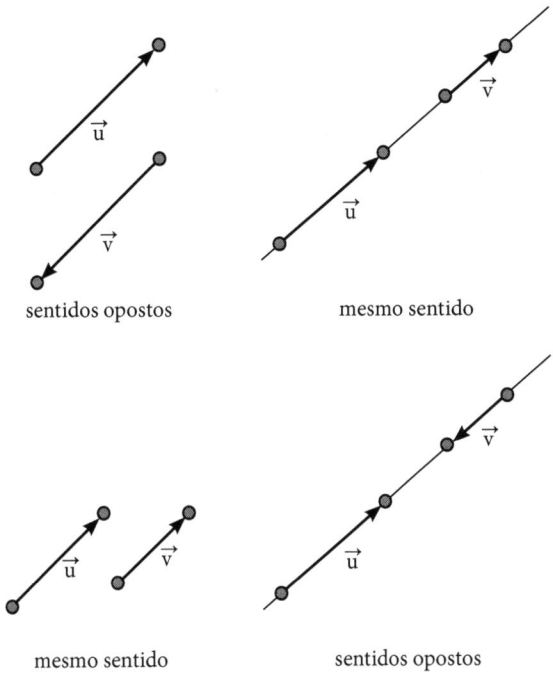

- **Módulo**, **norma** ou **comprimento** de um vetor é o tamanho de qualquer um de seus representantes, o que denotamos por $\|\vec{u}\|$.

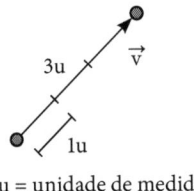

u = unidade de medida

- O **vetor unitário** é o vetor cuja norma é igual a 1.

- O **versor** de um vetor $\vec{v}$, não nulo, é o vetor unitário que tem a **mesma direção** e o **mesmo sentido** de $\vec{v}$, sendo representado por vers $\vec{v} = \dfrac{\vec{v}}{\|\vec{v}\|}$.

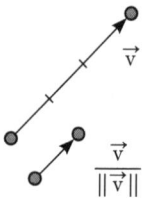

- Dois vetores $\vec{u}$ e $\vec{v}$ são **iguais** ($\vec{u} = \vec{v}$) se, e somente se, $\vec{u}$ e $\vec{v}$ têm a **mesma direção**, o **mesmo sentido** e a **mesma norma**.

Notação

Usaremos // para indicar paralelismo e ⊥ para indicar ortogonais. Usaremos ∥ ∥ para indicar módulo, comprimento ou norma de um vetor e | | para indicar módulo de um número real.

Exemplo 1

Considere o cubo ABCDEFGH e o ponto médio M do segmento $\overrightarrow{AB}$, como expresso a seguir, observando algumas relações entre os vetores:

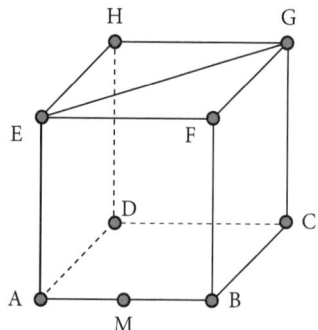

$$\vec{AB} = \vec{HG} \quad \vec{BA} = \vec{CD} \quad \vec{DB} = -\vec{FH}$$
$$\vec{AB} \mathbin{/\mkern-5mu/} \vec{FE} \quad \vec{HD} = \vec{FB} \quad \vec{DA} \mathbin{/\mkern-5mu/} -\vec{BC}$$
$$\vec{EF} \mathbin{/\mkern-5mu/} \vec{DC} \quad \vec{FA} = \vec{GD} \quad \|\vec{AB}\| = \|\vec{FG}\|$$
$$\vec{MA} \mathbin{/\mkern-5mu/} \vec{GH} \quad \vec{AC} = \vec{EG} \quad \|\vec{DC}\| = \|\vec{FE}\|$$
$$\vec{GF} = \vec{DA} \quad \vec{AB} = -\vec{CD} \quad 2\|\vec{AM}\| = \|\vec{AB}\|$$
$$\vec{AF} = \vec{DG} \quad \vec{BF} = -\vec{HD} \quad \|\vec{BC}\| = 2\|\vec{BM}\|$$

1.2 Soma de vetores

Suponha que uma bola se desloque do ponto A ao ponto B, depois do ponto B ao ponto C. Independentemente da trajetória, podemos representar o deslocamento com o vetor $\vec{AB}$ e $\vec{BC}$. O deslocamento total é o deslocamento de A até C, que representamos por $\vec{AC}$. Podemos escrever $\vec{AB} + \vec{BC} = \vec{AC}$. Portanto, $\vec{AC}$ é o **vetor soma**.

> **Fique atento!**
>
> Somar vetores não é o mesmo que somar números.

Apesar de usarmos o exemplo de deslocamento, essa maneira de somar vetores vale para quaisquer vetores. Consideremos dois vetores quaisquer $\vec{u} = \vec{AB}$ e $\vec{v} = \vec{DE}$.

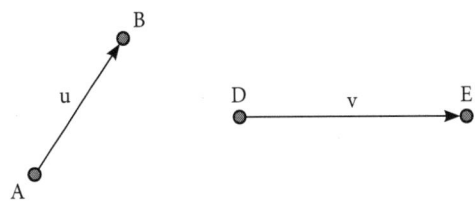

Para somarmos $\vec{u}$ e $\vec{v}$, vamos escolher (B, C), um representante de $\vec{v}$ mais conveniente para nós. Lembre-se: podemos fazer isso desde que o representante tenha a mesma direção, o mesmo sentido e a mesma norma, ainda que esteja em um lugar diferente do espaço. Agora temos $\overrightarrow{AB} = \vec{u}$ e $\overrightarrow{BC} = \vec{v}$. Assim temos: $\overrightarrow{AB} + \overrightarrow{BC} = \overrightarrow{AC}$.

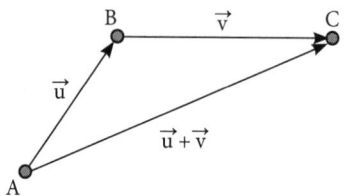

Definição: Sejam os vetores $\vec{u}$ e $\vec{v}$ e seus representantes (A, B) e (B, C), respectivamente, então podemos escrever $\vec{u} = \overrightarrow{AB}$ e $\vec{v} = \overrightarrow{BC}$. O vetor soma $\vec{u} + \vec{v}$ tem como representante o segmento $\overrightarrow{AC}$; assim, escrevemos $\vec{u} + \vec{v} = \overrightarrow{AB} + \overrightarrow{BC} = \overrightarrow{AC}$.

Observações: E se escolhermos os representantes de $\vec{u}$ e $\vec{v}$ a seguir? Qual será o vetor soma de $\vec{u} + \vec{v}$?

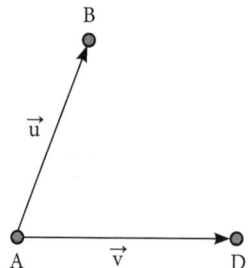

Como vimos, podemos escolher (B, C) como outro representante de $\vec{v}$ e teremos a soma $\overrightarrow{AC}$. Observe o desenho:

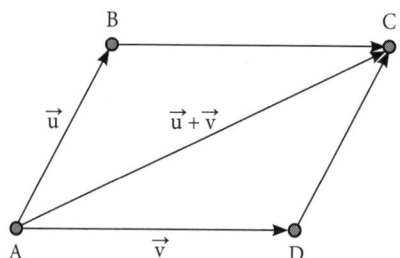

Quando os vetores $\vec{u}$ e $\vec{v}$ estão dispostos como na figura anterior, com a mesma origem, o vetor soma está na diagonal do paralelogramo – é o que chamamos de **regra do paralelogramo**. Essa regra, de origem desconhecida, apareceu nos estudos de mecânica de Heron de Alexandria (século I d.C.) e no *Principia Mathematica* (1697), de Issac Newton (1642-1727), mesmo não havendo ainda o conceito de vetor.

Curiosidade

O físico americano Josiah Willard Gibbs (1839-1903) teve um grande papel no desenvolvimento dos conceitos e das propriedades relacionados a vetores, mais especificamente da álgebra vetorial.

Propriedades: Sejam quaisquer vetores $\vec{u}$, $\vec{v}$ e $\vec{w}$, temos as seguintes propriedades da soma de vetores:

- **Associativa**: $(\vec{u} + \vec{v}) + \vec{w} = \vec{u} + (\vec{v} + \vec{w})$.

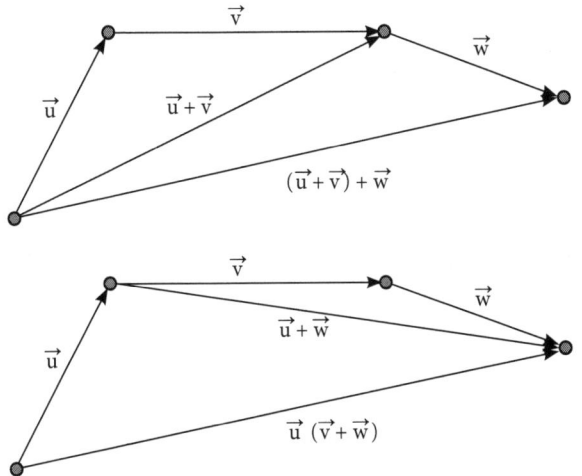

- **Comutativa:** $\vec{u} + \vec{v} = \vec{v} + \vec{u}$.

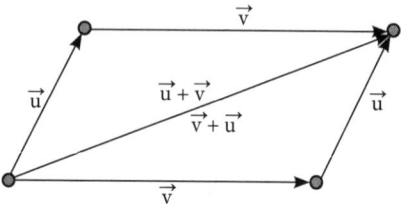

- **Elemento neutro:** Para todo vetor $\vec{v}$, $\vec{v} + \vec{0} = \vec{0} + \vec{v} = \vec{v}$.

- **Elemento oposto:** Para todo vetor $\vec{v}$, existe um vetor $-\vec{v}$, chamado *oposto de $\vec{v}$*, tal que $\vec{v} + (-\vec{v}) = (-\vec{v}) + \vec{v} = \vec{0}$

Consideremos os vetores $\vec{u}$ e $\vec{v}$ como na figura (a). Qual seria o resultado da soma de $\vec{u} + (-\vec{v}) = \vec{u} - \vec{v}$? Na figura (b), podemos observar que o vetor resultante $\vec{u} - \vec{v}$ é diagonal do paralelogramo.

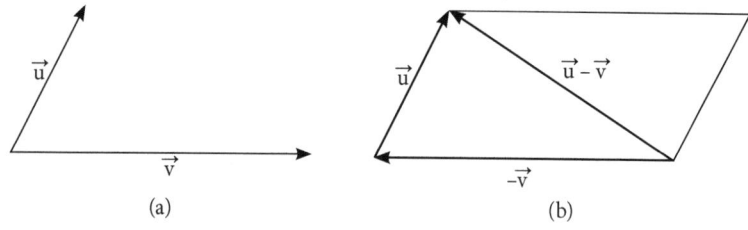

(a) (b)

Agora, vamos unir o resultado acima com a regra do paralelogramo. Temos, então, a seguinte figura:

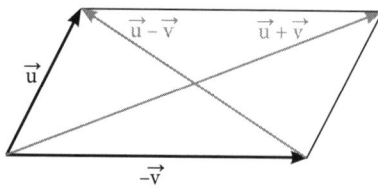

Fique atento!

Subtrair vetores ($\vec{u} - \vec{v}$) é o mesmo que somar com o vetor oposto ($\vec{u} + (-\vec{v})$), sendo que a ordem em que os vetores são somados não altera o resultado.

Exercício resolvido 2

No cubo a seguir, represente a soma dos vetores indicados.

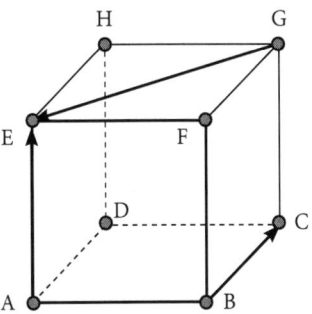

Queremos a soma $\vec{AE} + \vec{BC} + \vec{GE}$. Observe a figura. Temos que $\vec{AE} + \vec{BC} = \vec{CG} + \vec{BC} = \vec{BG}$ e $\vec{BG} + \vec{GE} = \vec{BE}$. Portanto, $\vec{AE} + \vec{BC} + \vec{GE} = \vec{BE}$.

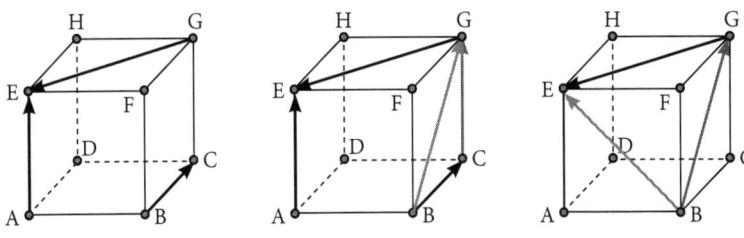

1.3 Produto de número real por vetor

O produto de um número real por um vetor é o mesmo que a multiplicação de um escalar por um vetor ou o produto de um escalar por um vetor.

> **Fique atento!**
>
> Escalar é o mesmo que número real.

Dado um número real α e um vetor $\vec{v}$, o que representa $\alpha\vec{v}$?

Por exemplo: seja $\vec{v}$ como na figura abaixo, $2\vec{v}$ terá a mesma direção e o mesmo sentido e duas vezes o tamanho de $\vec{v}$.

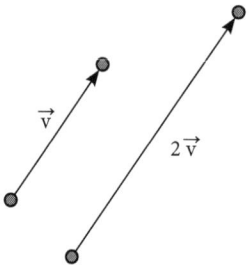

Agora, se multiplicarmos $\vec{v}$ por um número negativo, por exemplo −3, o vetor $-3\vec{v}$ terá sentido oposto de $\vec{v}$ e três vezes o tamanho de $\vec{v}$, mas a mesma direção.

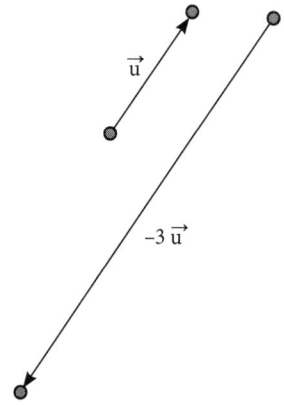

Dessa maneira, considerando um número real α e um vetor $\vec{v}$, temos:

- Se $\alpha = 0$ ou $\vec{v} = \vec{0}$, então $\alpha\vec{v} = \vec{0}$.
- Se α é positivo ($\alpha > 0$), $\vec{v}$ e $\alpha\vec{v}$ têm a mesma direção, ou seja, são paralelos e têm o mesmo sentido.
- Se α é negativo ($\alpha < 0$), $\vec{v}$ e $\alpha\vec{v}$ têm a mesma direção, ou seja, são paralelos e têm sentidos contrários.

O tamanho é alterado de acordo com o valor pelo qual será feita a multiplicação. Vejamos, a seguir, as propriedades dessa operação.

Propriedades: Sejam α e β dois números reais quaisquer e os vetores $\vec{u}$, $\vec{v}$ e $\vec{w}$, então:

- **Distributiva:** $\alpha(\vec{u} + \vec{v}) = \alpha\vec{u} + \alpha\vec{v}$.
- **Distributiva:** $(\alpha + \beta)\vec{v} = \alpha\vec{v} + \beta\vec{v}$.
- **Elemento neutro:** $1 \cdot \vec{v} = \vec{v}$.
- **Associativa:** $\alpha(\beta\vec{v}) = (\alpha\beta)\vec{v} = \beta(\alpha\vec{v})$.

Exercício resolvido 3

Represente o vetor $\vec{x} = 2\vec{u} - \vec{v} + \dfrac{3}{2}\vec{w}$, sendo $\vec{u}$, $\vec{v}$ e $\vec{w}$.

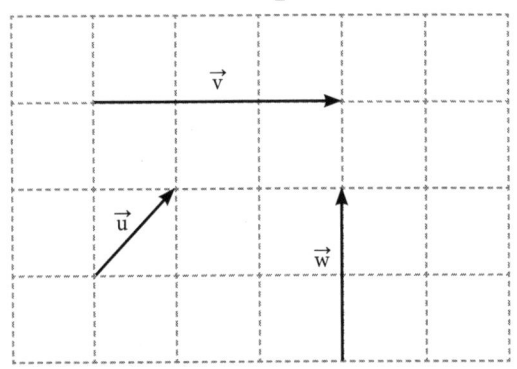

Vamos fazer as multiplicações pelos escalares e colocar os vetores de forma que possamos realizar a soma:

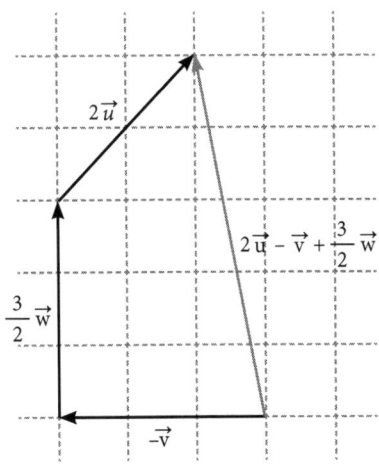

> **Fique atento!**
>
> Vimos que, se multiplicarmos um vetor $\vec{u}$ por um escalar λ, teremos como resultado um vetor $\vec{v} = \lambda \vec{u}$, que é paralelo a $\vec{u}$. Ainda, se considerarmos inicialmente dois vetores paralelos $\vec{u}$ e $\vec{v}$, existirá um número real λ tal que $\vec{v} = \lambda \vec{u}$. Também podemos escrever $\vec{u} = \lambda \vec{v}$. Ao longo do texto, vamos falar de vetores paralelos e optar por uma das igualdades sem perder a generalidade.

Exercício resolvido 4

Considere um triângulo ABC. Mostre que o segmento que une os pontos médios de dois lados do triângulo é paralelo ao terceiro lado e tem metade do comprimento desse lado.

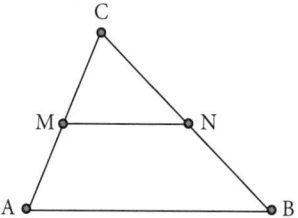

M é o ponto médio do lado AC e N é o ponto médio do lado BC. Em termos de vetores, temos:

$$\overrightarrow{MN} = \overrightarrow{MC} + \overrightarrow{CN}$$

$$\overrightarrow{MN} = \frac{\overrightarrow{AC}}{2} + \frac{\overrightarrow{CB}}{2} = \frac{(\overrightarrow{AC} + \overrightarrow{CB})}{2} = \frac{\overrightarrow{AB}}{2}$$

$\overrightarrow{MN}$ é múltiplo de $\overrightarrow{AB}$, logo $\overrightarrow{MN} \parallel \overrightarrow{AB}$ e $\|\overrightarrow{MN}\| = \frac{\|\overrightarrow{AB}\|}{2}$.

1.4 Soma de ponto com vetor

Suponha que você está participando de uma caça ao tesouro. Depois de muitas instruções, você se encontra em determinado ponto A, e a última pista informa que o tesouro está a 50 m ao norte desse ponto. Então, para chegar ao tesouro, você se desloca, com o auxílio de uma bússola, de acordo com a instrução e finalmente chega ao ponto onde está o tesouro. Observe a figura a seguir. Em termos de vetores e pontos, você estava no ponto A e se desloca $\vec{v}$ para chegar a B; isso é somar ponto com vetor (A + $\vec{v}$ = B).

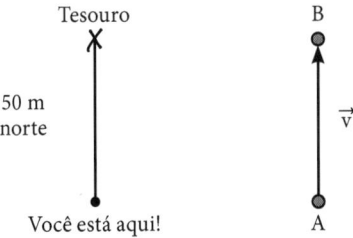

Seja $\vec{v}$ um vetor e P um ponto qualquer, para fazermos a soma P + $\vec{v}$, basta considerarmos um representante de $\vec{v}$ com origem em P e o ponto de sua extremidade será o resultado da soma P + $\vec{v}$. Então, quando somamos ponto com vetor, temos como resultado um ponto, isto é, P + $\vec{v}$ = Q. Observe que (P, Q) é também um representante de $\vec{v}$, por isso podemos escrever $\overrightarrow{PQ} = \vec{v}$ e Q − P = $\vec{v}$.

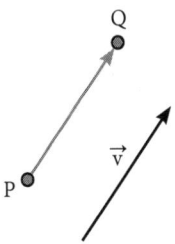

Definição: Sejam $\vec{v}$ um vetor e P um ponto, o ponto Q tal que (P, Q) é um representante de $\vec{v}$, chamado *soma de P com $\vec{v}$*, o que representamos por $P + \vec{v} = Q$.

Propriedades: Considerando A e B pontos quaisquer e os vetores $\vec{u}$ e $\vec{v}$, valem as igualdades:

- **Associativa:** $(A + \vec{u}) + \vec{v} = A + (\vec{u} + \vec{v})$.
- **Cancelamento de ponto:** $A + \vec{u} = A + \vec{v}$, então $\vec{u} = \vec{v}$.
- **Cancelamento de vetor:** $A + \vec{u} = B + \vec{u}$, então $A = B$.

Exercício resolvido 5

Determine o ponto X, dados os pontos A, B e C, tal que $A + (\overrightarrow{AB} + \overrightarrow{CX}) = (B + \overrightarrow{CB}) + \overrightarrow{BA}$.

Utilizando as propriedades já vistas, temos:

$$A + (\overrightarrow{AB} + \overrightarrow{CX}) = (B + \overrightarrow{CB}) + \overrightarrow{BA}$$
$$(A + \overrightarrow{AB}) + \overrightarrow{CX} = B + (\overrightarrow{CB} + \overrightarrow{BA})$$
$$B + \overrightarrow{CX} = B + \overrightarrow{CA}$$
$$\overrightarrow{CX} = \overrightarrow{CA}$$
$$X = A$$

Para saber mais

Para auxiliar na visualização e no entendimento de conceitos geométricos, o *software* GeoGebra é de grande valia. Trata-se de um programa livre que apresenta uma janela de álgebra e uma para visualização. O *software* pode ser encontrado em: <www.geogebra.at>.

Síntese

Neste capítulo, examinamos os conceitos que envolvem a definição de vetores, os significados de direção, sentido e módulo. Não podemos esquecer que vetor é uma classe de pares ordenados e, para trabalhar com ele, escolhemos um representante conveniente. Vimos também os aspectos geométricos da soma de vetores, da soma de ponto com vetor e da multiplicação por um escalar. Os assuntos foram abordados com foco na geometria, com pouca participação da álgebra. Este capítulo é importante para que possamos desenvolver os demais, pois são os vetores que regem os estudos de geometria analítica.

Atividades de autoavaliação

1. Verifique se as proposições a seguir são verdadeiras (V) ou falsas (F):

    ( ) $\vec{AB} = \vec{CD} \Rightarrow \vec{AC} = \vec{BD}$

    ( ) $(A, B) \in \vec{AB}$

    ( ) $(A, B) \sim (C, D)$ e $(D, C) \sim (E, F) \Rightarrow \vec{AB} - \vec{EF}$

    ( ) $\vec{AB} = \vec{CD} \Rightarrow A = C$ e $B = D$

    Assinale a alternativa que corresponde à sequência obtida:

    a) V, V, V, F.
    b) V, V, F, F.
    c) F, F, V, V.
    d) F, V, V, F.

2. Assinale a alternativa correta:

    a) $\vec{AB} = \vec{CD}$ e $\|\vec{CD}\| = \|\vec{EF}\|$, então $\vec{AB} = \vec{EF}$.
    b) $\vec{AB}$ e $\vec{BA}$ têm o mesmo sentido e direções opostas.
    c) $\|\vec{AB}\| = \|\vec{CD}\|$, então $\vec{AB} = \vec{CD}$.
    d) $(A, B) \sim (C, D)$, então $\|\vec{AC}\| = \|\vec{BD}\|$.

3. Considere o cubo ABCDEFGH:

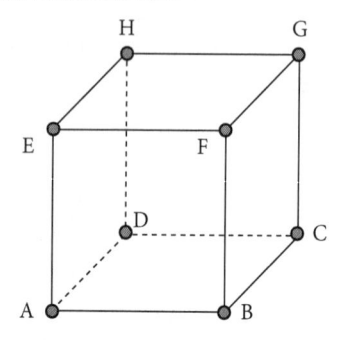

Assinale a alternativa que não representa o vetor $\vec{AG}$:

a) $\vec{AB} + \vec{AD} + \vec{AE}$
b) $-\vec{CD} + \vec{AD} - \vec{FB}$
c) $\vec{CD} + \vec{CB} + \vec{AE}$
d) $\vec{EG} + \vec{AB} + \vec{DH} + \vec{CD}$

4. Assinale a alternativa **incorreta**:

a) Dois vetores distintos só podem ter o mesmo sentido ou sentidos opostos se tiverem a mesma direção.
b) Se α é um número real e $\vec{v}$ é um vetor não nulo, $α\vec{v}$ é um vetor paralelo a $\vec{v}$, ou seja, eles têm a mesma direção.
c) Se A é um ponto qualquer e $\vec{v}$ é um vetor não nulo, então $A + \vec{v}$ é o ponto B tal que $\vec{AB} = \vec{v}$.
d) Se $\vec{u}$ e $\vec{v}$ são paralelos, então eles têm a mesma direção e o mesmo sentido.

5. Assinale a alternativa em que o vetor resultante da soma dada não corresponde ao vetor $\vec{AG}$:

a) $\vec{HE} - \vec{GF} - \vec{HB} + \vec{AB} - \vec{FE}$
b) $\vec{HE} + \vec{AD} - \vec{HA} - \vec{AE} + \vec{DG}$
c) $\vec{EA} - \vec{EG} + \vec{FH} - \vec{FE} + \vec{HE}$
d) $\vec{BC} + \vec{FH} - \vec{GC} + \vec{AF} + \vec{HB}$

Atividades de Aprendizagem

Questões para reflexão

1. Em uma colisão de carros, os peritos utilizam a soma de vetores para determinar o culpado, ou seja, quem estava com a velocidade acima do permitido. Com base nisso, escreva um texto reflexivo sobre a importância de conhecer a aplicação de vetores.

2. Na elaboração e construção de jogos, os vetores também aparecem. Para descrever a trajetória ou o próximo passo de um objeto do jogo, é utilizada a soma de vetores. Quais são as vantagens de considerar a aplicação de vetores em jogos no ensino de geometria analítica? Como poderia ser uma abordagem do assunto *vetores* por meio da utilização de jogos?

Atividades aplicadas: prática

1. Para quais vetores $\vec{u}$ e $\vec{v}$ vale a igualdade $\|\vec{u} + \vec{v}\| = \|\vec{u}\| + \|\vec{v}\|$? Justifique sua resposta.

2. A igualdade $\|\vec{u} - \vec{v}\| = \|\vec{u}\| - \|\vec{v}\|$ vale para quaisquer vetores $\vec{u}$ e $\vec{v}$? Justifique sua resposta.

3. Mostre que, se $\vec{u}$ e $\vec{v}$ são não nulos e paralelos, então $\|\vec{u} + \vec{v}^2\| \neq \|\vec{u}\|^2 + \|\vec{v}\|^2$. Quando a igualdade é válida?

4. Considere os pontos A e B distintos, seja $X = A + \alpha \overrightarrow{AB}$. Descreva o conjunto dos valores que α deve tomar para que X percorra todo o conjunto especificado:

    a) O segmento $\overrightarrow{AB}$.

    b) A semirreta com origem A e que passa por B.

    c) A reta AB.

5. Os vetores estão presentes em nosso cotidiano, por exemplo, nas grandezas vetoriais *velocidade, força* e *deslocamento*. Sabendo disso, elabore um experimento que mostre operações com vetores em que a justificativa sejam os vetores.

A IMPORTÂNCIA DA BASE

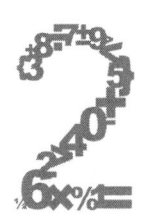

Neste capítulo, o objetivo é esclarecer o que é a base e, principalmente, quais são sua utilização e sua importância no estudo de geometria analítica. Por meio da base, poderemos rever alguns conceitos e conhecer novos, relacionando o geométrico com o algébrico. Iniciaremos com o estudo da combinação linear, um conceito importante pois, a partir dele, definimos dependência e independência linear e, consequentemente, base. Também veremos, utilizando matrizes, como transitar entre bases.

2.1 Combinações lineares

Considerando o que vimos sobre vetores, vamos construir e definir os conceitos de combinação linear e base. Já estudamos as operações com vetores, o que facilita nosso trabalho, pois a combinação linear é composta de algumas dessas operações. Para compreendermos o que é base, precisamos primeiro entender o que é combinação linear.

Para iniciarmos, devemos observar que vamos trabalhar com o ambiente chamado de *espaço* V^3, que é o conjunto de todos os vetores com três dimensões, ou seja, vamos supor que estamos em um ambiente tridimensional.

Considere, então, o vetor $\vec{u}$ como na figura a seguir. Podemos escrever que $\vec{u} = \vec{v}_1 + 2\vec{v}_2$. Isso quer dizer que $\vec{u}$ é combinação linear dos vetores $\vec{v}_1$ e $\vec{v}_2$, ou seja, ele pode ser escrito como soma e multiplicação por escalar desses vetores.

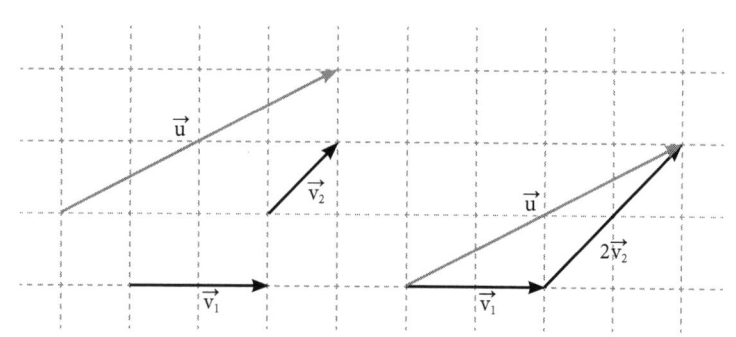

Definição: Sejam $\vec{u}, \vec{v}_1, \vec{v}_2, \vec{v}_3, \ldots, \vec{v}_n$ vetores e $\alpha_1, \alpha_2, \alpha_3, \ldots, \alpha_n$ números reais (escalares), dizemos que $\vec{u}$ é combinação linear de $\vec{v}_1, \vec{v}_2, \vec{v}_3, \ldots, \vec{v}_n$, se $\vec{u} = \alpha_1\vec{v}_1 + \alpha_2\vec{v}_2 + \alpha_3\vec{v}_3 + \ldots + \alpha_n\vec{v}_n$. Dizemos também que $\vec{u}$ é gerado pelos vetores $\vec{v}_1, \vec{v}_2, \vec{v}_3, \ldots, \vec{v}_n$ e que os escalares $\alpha_1, \alpha_2, \alpha_3, \ldots, \alpha_n$ são os coeficientes da combinação linear.

Exercício resolvido 1

Resolva os seguintes itens:

a) Sejam $\vec{u}, \vec{v}_1$ e $\vec{v}_2$ como na figura a seguir, escreva $\vec{u}$ como combinação linear de $\vec{v}_1$ e $\vec{v}_2$.

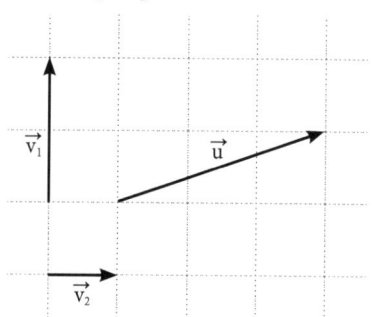

Observando os vetores e decompondo o vetor $\vec{u}$, temos $\vec{u} = 3\vec{v}_2 + \dfrac{\vec{v}_1}{2}$.

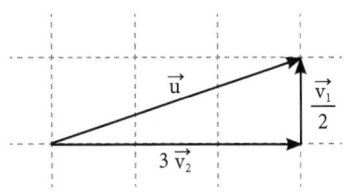

b) Considere os vetores $\vec{u}, \vec{v}, \vec{w}$ e $\vec{z}$ como na figura a seguir. Escreva o vetor $\vec{u}$ como combinação linear de $\vec{v}, \vec{w}$ e $\vec{z}$.

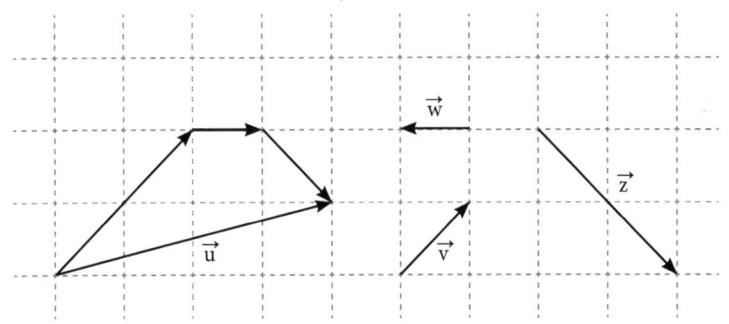

Observando o lado esquerdo da figura, temos $\vec{u} = 2\vec{v} - \vec{w} + \dfrac{\vec{z}}{2}$.

Fique atento!

O vetor $\vec{0}$ (vetor nulo) pode ser escrito como combinação linear de quaisquer vetores $\vec{v}_1, \vec{v}_2, \vec{v}_3, \ldots, \vec{v}_n$, pois podemos escrever $\vec{0} = 0\vec{v}_1 + 0\vec{v}_2 + 0\vec{v}_3 + \ldots + 0\vec{v}_n$.

Exemplo 1

Considerando o vetor $\vec{u} = 2\vec{v}$, podemos escrever o vetor nulo $\vec{0}$ como combinação linear de $\vec{u}$ e de $\vec{v}$, por exemplo, $\vec{0} = \vec{u} - 2\vec{v}$ ou $\vec{0} = 2\vec{u} - 4\vec{v}$. Há, na verdade, infinitas maneiras de fazer essa combinação.

2.2 Dependência linear

Para tratarmos de dependência linear, é necessário considerarmos conjuntos de vetores, pois o conceito de dependência linear faz referência a eles. Vamos analisar se eles são linearmente dependentes ou linearmente independentes.

> **Notação**
>
> Usaremos a abreviação *LD* para nos referirmos a um conjunto linearmente dependente e *LI* para nos referirmos a um conjunto linearmente independente.

Definições:

a. O conjunto formado por um vetor $(\vec{v}_1)$ é LI se $\vec{v} \neq \vec{0}$ e LD se $\vec{v} = \vec{0}$.

b. O conjunto $(\vec{v}_1, \vec{v}_2)$, de dois vetores, é LD se $\vec{v}_1$ é paralelo a $\vec{v}_2$, ou seja, $\vec{v}_1 = \alpha\vec{v}_2$, e LI quando ocorre o contrário.

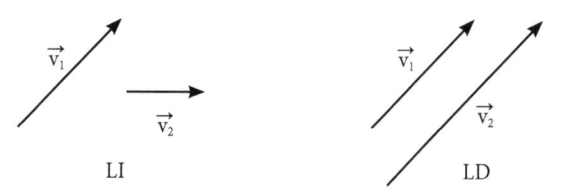

c. O conjunto $(\vec{v}_1, \vec{v}_2, \vec{v}_3)$ é LD se $\vec{v}_1, \vec{v}_2$ e $\vec{v}_3$ são paralelos a um mesmo plano. Caso contrário, é LI.

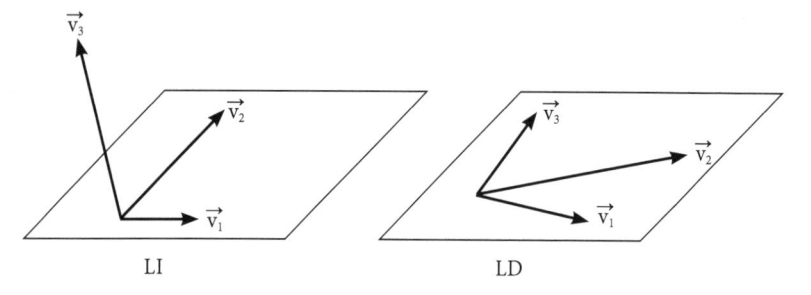

d. O conjunto formado por quatro vetores ou mais é linearmente dependente.

> **Fique atento!**
>
> Lembre-se de que LD e LI são classificações para conjuntos de vetores.

Vamos relacionar os aspectos algébricos da definição anterior. Para isso, consideremos alguns itens:

a. Um conjunto de dois vetores $(\vec{u}, \vec{v})$ é LD se são paralelos, isto é, se os vetores são múltiplos; podemos, então, escrever $\vec{v} = \alpha \vec{u}$. Se $(\vec{u}, \vec{v})$ é LI, os vetores não são paralelos; então, não são múltiplos.

b. Um conjunto de três vetores $(\vec{u}, \vec{v}, \vec{w})$ é LD; então, são paralelos a um mesmo plano. Nesse caso, podemos nos deparar com três situações:

   1. Três vetores paralelos entre si: Então, algebricamente, $\vec{v} = \alpha \vec{u}$ e $\vec{w} = \beta \vec{v}$. Podemos escrever $\vec{w}$ como combinação linear de $\vec{u}$ e $\vec{v}$, $\vec{w} = \beta \vec{u} + 0\vec{v}$. Da mesma maneira, podemos escrever $\vec{u}$ como combinação de $\vec{v}$ e $\vec{w}$ e escrever $\vec{v}$ como combinação de $\vec{u}$ e $\vec{w}$.

   2. Dois vetores paralelos, por exemplo, $\vec{u}$ e $\vec{w}$: Então $\vec{w} = \alpha \vec{u}$. Mas $\vec{v}$ não é paralelo nem a $\vec{u}$ nem a $\vec{w}$, então $(\vec{u}, \vec{v})$ é LI. Além disso, podemos escrever $\vec{w}$ como combinação linear de $(\vec{u}, \vec{v})$, $\vec{w} = \alpha \vec{u} + 0\vec{v}$.

   3. Três vetores não paralelos entre si: Temos que $(\vec{u}, \vec{v})$ é LI. Vamos escrever $\vec{w}$ como combinação linear de $\vec{u}$ e $\vec{v}$ (observe a figura a seguir). Os vetores estão com a mesma origem O e, traçando uma reta paralela a $\overrightarrow{OA}$ por C e uma paralela a $\overrightarrow{OB}$ por C, temos, respectivamente, os pontos P e Q. O vetor $\vec{w}$ é diagonal do paralelogramo OPCQ, então $\vec{w} = \overrightarrow{OQ} + \overrightarrow{OP}$ e $\overrightarrow{OQ}$ é múltiplo de $\vec{u}$, $\overrightarrow{OQ} = \alpha \vec{u}$ e $\overrightarrow{OP}$ é múltiplo de $\vec{v}$, $\overrightarrow{OP} = \beta \vec{v}$, portanto $\vec{w} = \alpha \vec{u} + \beta \vec{v}$.

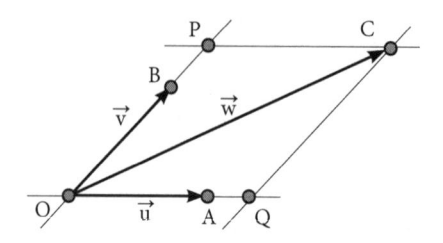

Podemos concluir com o item *b* que, se um conjunto com dois vetores ($\vec{u}, \vec{v}$) é LI, ($\vec{u}, \vec{v}, \vec{w}$) é LD se $\vec{w}$ é gerado (escrito como combinação linear) de $\vec{u}$ e $\vec{v}$. Também podemos concluir que, se ($\vec{u}, \vec{v}, \vec{w}$) é LD, então um dos vetores é gerado pelos outros dois.

c. Um conjunto de três vetores ($\vec{u}, \vec{v}, \vec{w}$) é LI, então não existe um plano paralelo aos três vetores ao mesmo tempo, por isso não conseguimos um como combinação linear dos demais. Porém, qualquer vetor $\vec{x}$ é combinação linear dos vetores $\vec{u}, \vec{v}$ e $\vec{w}$. Vamos mostrar esse fato. Considere os vetores $\vec{u} = \overrightarrow{OA}, \vec{v} = \overrightarrow{OB}, \vec{w} = \overrightarrow{OC}$ e $\vec{x} = \overrightarrow{OD}$; o plano π é determinado pelos pontos O, A e B. Sejam Q a intersecção do plano π com a reta paralela a $\overrightarrow{OC}$ passando por D; R a intersecção da reta $\overrightarrow{OB}$ com a reta paralela a $\overrightarrow{OA}$ passando por Q; e P a intersecção da reta $\overrightarrow{OA}$ com a reta paralela a $\overrightarrow{OB}$ passando por Q, temos que $\overrightarrow{OP}$ é paralela a $\vec{u}$, $\overrightarrow{PQ}$ é paralela a $\vec{v}$ e $\overrightarrow{QD}$ é paralela a $\vec{w}$. Podemos escrever $\overrightarrow{OP} = \alpha\vec{u}$, $\overrightarrow{PQ} = \beta\vec{v}$ e $\overrightarrow{QD} = \gamma\vec{w}$. Portanto, $\vec{x} = \overrightarrow{OD} = \overrightarrow{OQ} + \overrightarrow{QD} = \overrightarrow{OP} + \overrightarrow{PQ} + \overrightarrow{QD} = \alpha\vec{u} + \beta\vec{v} + \gamma\vec{w}$.

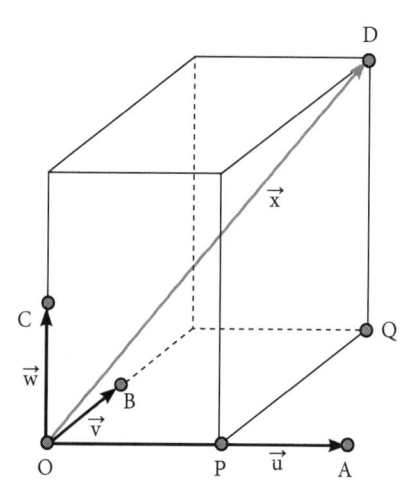

GEOMETRIA ANALÍTICA

Proposições:

a. Um conjunto $(\vec{v}_1, \vec{v}_2, \vec{v}_3, \ldots, \vec{v}_n)$ é LI se, e somente se, $\alpha\vec{v}_1 + \alpha\vec{v}_2 + \alpha\vec{v}_3 + \ldots + \alpha\vec{v}_n = \vec{0}$ admite apenas a solução nula, ou seja, se $\alpha_1 = \alpha_2 = \alpha_3 = \ldots = \alpha\vec{v}_n = 0$.

b. Um conjunto $(\vec{v}_1, \vec{v}_2, \vec{v}_3, \ldots, \vec{v}_n)$ é LD se, e somente se, $\alpha_1\vec{v}_1 + \alpha_2\vec{v}_2 + \alpha_3\vec{v}_3 + \ldots + \alpha_n\vec{v}_n = \vec{0}$ admite solução não nula, ou seja, se existem escalares que satisfazem a equação e que não são todos nulos.

Exemplo 2

Para um conjunto de dois vetores, podemos ter:

- $\vec{u}$ e $\vec{v}$ são LD, pois $\vec{v} - 3\vec{u} = \vec{0}$.

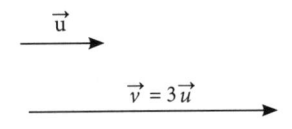

$$\vec{u}$$
$$\vec{v} = 3\vec{u}$$

- $\vec{u}$ e $\vec{v}$ são LI, pois $0\vec{u} + 0\vec{v} = \vec{0}$.

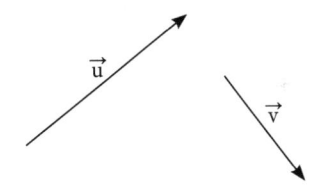

Exemplo 3

Se $(\vec{u}, \vec{v}, \vec{w})$ é LI, vamos mostrar que $(2\vec{u} + \vec{v}, \vec{u} + 2\vec{v}, \vec{u} + \vec{v} + \vec{w})$ é LI.

Para isso, temos de mostrar que, se $\alpha(2\vec{u} + \vec{v}) + \beta(\vec{u} + 2\vec{v}) + \gamma(\vec{u} + \vec{v} + \vec{w}) = \vec{0}$, então $\alpha = \beta = \gamma = 0$. Desenvolvendo a igualdade, temos:

$$\alpha(2\vec{u} + \vec{v}) + \beta(\vec{u} + 2\vec{v}) + \gamma(\vec{u} + \vec{v} + \vec{w}) = \vec{0}$$
$$2\alpha\vec{u} + \alpha\vec{v} + \beta\vec{u} + 2\beta\vec{v} + \gamma\vec{u} + \gamma\vec{v} + \gamma\vec{w} = \vec{0}$$
$$(2\alpha + \beta + \gamma)\vec{u} + (\alpha + 2\beta + \gamma)\vec{v} + (\gamma)\vec{w} = \vec{0}$$

Como $(\vec{u}, \vec{v}, \vec{w})$ é LI, os coeficientes de $\vec{u}, \vec{v}$ e $\vec{w}$ são nulos:

$$\begin{cases} 2\alpha + \beta + \gamma = 0 \\ \alpha + 2\beta + \gamma = 0 \\ \gamma = 0 \end{cases}$$

Resolvendo o sistema, temos $\alpha = \beta = \gamma = 0$; novamente pela proposição, temos que o conjunto $(2\vec{u} + \vec{v}, \vec{u} + 2\vec{v}, \vec{u} + \vec{v} + \vec{w})$ é LI.

2.3 Base

Até este ponto, examinamos os aspectos geométricos de vetores. Agora vamos introduzir o conceito de base, que nos permitirá trabalhar com as coordenadas de vetores.

Uma base B para V^3 é qualquer conjunto de três vetores $(\vec{v}_1, \vec{v}_2, \vec{v}_3)$ LI. Logo, qualquer vetor $\vec{u} \in V^3$ pode ser escrito como combinação linear de $\vec{v}_1, \vec{v}_2, \vec{v}_3$, ou seja, $\vec{u} = a_1\vec{v}_1 + a_2\vec{v}_2 + a_3\vec{v}_3$. Dizemos que os escalares a_1, a_2 e a_3 são as coordenadas de $\vec{u}$ na base B e escrevemos $(a_1, a_2 \text{ e } a_3)_B$. Observe que a ordem é importante: a_1 é o escalar associado ao primeiro vetor $(\vec{v}_1)$, a_2 ao segundo e a_3 ao terceiro.

Exemplo 4

Considerando-se os vetores $(\vec{v}_1, \vec{v}_2, \vec{v}_3)$ e $\vec{u} = 2\vec{v}_1 + 3\vec{v}_2 - \vec{v}_3$, as coordenadas de $\vec{u}_1$ na base B são $(2, 3, -1)$.

Exercício resolvido 2

Considere a base $(\overrightarrow{HG}, \overrightarrow{HE}, \overrightarrow{HD})$ no paralelepípedo retângulo. Escreva as coordenadas dos vetores $\overrightarrow{HB}, \overrightarrow{HC}$ e $\overrightarrow{HM}$ na base dada, sabendo que M é o ponto médio do lado AB.

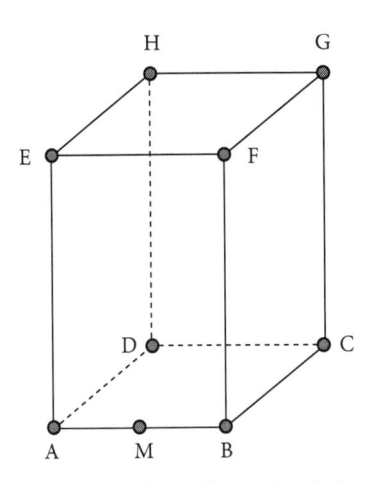

Temos $\vec{HB} = \vec{HD} + \vec{DC} + \vec{CB} = \vec{HD} + \vec{HG} + \vec{HE}$. Para escrevermos as coordenadas, temos de respeitar a ordem da base $(\vec{HG}, \vec{HE}, \vec{HD})$. Então, $\vec{HB} = 1\vec{HG} + 1\vec{HE} + 1\vec{HD}$; logo, $\vec{HB} = (1, 1, 1)$. Vamos fazer o mesmo para $\vec{HC} = \vec{HD} + \vec{DC} = \vec{HD} + \vec{HG} = 1\vec{HG} + 0\vec{HE} + 1\vec{HD}$. Então, $\vec{HC} = (1, 0, 1)$. Já para $\vec{HM} = \vec{HD} + \vec{DA} + \vec{AM} = \vec{HD} + \vec{HE} + \dfrac{\vec{HG}}{2} = \dfrac{1}{2}\vec{HG} + 1\vec{HE} + 1\vec{HD}$, temos que $\vec{HM} = \left(\dfrac{1}{2}, 1, 1\right)$.

2.3.1 Operações de vetores em uma base definida

A partir deste ponto, vamos escrever vetores em termos de suas coordenadas com relação a uma base definida. Vamos verificar como ficam as operações já vistas. No Exercício Resolvido 2, utilizamos a soma geométrica para escrevermos as coordenadas dos vetores $\vec{HB}$, $\vec{HC}$ e $\vec{HM}$ em relação à base $(\vec{HG}, \vec{HE}, \vec{HD})$. Podemos escrever as coordenadas dos vetores da base como fizemos anteriormente para obter $\vec{HG} = (1, 0, 0)$, $\vec{HE} = (0, 1, 0)$ e $\vec{HD} = (0, 0, 1)$. Agora, vamos escrever as coordenadas dos vetores $\vec{HB}$, $\vec{HC}$ e $\vec{HM}$ utilizando as coordenadas dos vetores da base. Já vimos que $\vec{HB} = \vec{HG} + \vec{HE} + \vec{HD} = (1, 0, 0) + (0, 1, 0) + (0, 0, 1) = (1, 1, 1)$. Vamos fazer o mesmo para $\vec{HC} = \vec{HG} + \vec{HD} = (1, 0, 0) + (0, 0, 1) = (1, 0, 1)$ e $\vec{HM} = \dfrac{1}{2}\vec{HG} + \vec{HE} + \vec{HD} = \dfrac{1}{2}(1, 0, 0) + (0, 1, 0) + (0, 0, 1) = \left(\dfrac{1}{2}, 1, 1\right)$.

Podemos escrever a soma de maneira geral. Considere uma base $B = (\vec{v}_1, \vec{v}_2, \vec{v}_3)$ do espaço V^3 e os vetores $\vec{u}_1 = (a_1, a_2, a_3)_B$ e $\vec{u}_2 = (b_1, b_2, b_3)_B$. Então:

a. $\vec{u}_1 + \vec{u}_2 = (a_1, a_2, a_3)_B + (b_1, b_2, b_3) = (a_1 + b_1, a_2 + b_2, a_3 + b_3)_B$.

b. $\alpha\vec{u}_1 = \alpha(a_1, a_2, a_3)_B = (\alpha a_1, \alpha a_2, \alpha a_3)_B$, sendo α um número real.

c. $\vec{u}_1 = \vec{u}_2$ se, e somente se, $a_1 = b_1$, $a_2 = b_2$, $a_3 = b_3$.

Exemplo 5

Sejam $\vec{u} = (2, 1, -3)_B$, $\vec{v} = (5, 2, 0)_B$ e $\vec{w} = (4, 1, -2)_B$ na base $B = (\vec{v}_1, \vec{v}_2, \vec{v}_3)$, então:

- $\vec{u} + \vec{v} = (2, 1, -3)_B + (5, 2, 0)_B = (7, 3, -3)_B$

- $\vec{v} - \vec{w} = (5, 2, 0)_B - (4, 1, -2)_B = (1, 1, 2)_B$

- $\vec{u} - 2\vec{v} + 3\vec{w} = (2, 1, -3)_B - 2(5, 2, 0)_B + 3(4, 1, -2)_B =$
  $(2 - 10 + 12, 1 - 4 + 3, -3 - 0 - 6)_B = (4, 0, -9)_B$

Exemplo 6

Sejam os vetores $\vec{u} = (3, 4, 1)_B$, $\vec{v} = (1, 2, 3)_B$ e $\vec{w} = (0, 1, 4)_B$, vamos escrever $\vec{u}$ como combinação linear de $\vec{v}$ e $\vec{w}$:

$$\vec{u} = \alpha\vec{v} + \beta\vec{w}$$
$$(3, 4, 1)_B = \alpha(1, 2, 3)_B + \beta(0, 1, 4)_B$$
$$(3, 4, 1)_B = (\alpha, 2\alpha + \beta, 3\alpha + 4\beta)_B$$

Considerando a última igualdade, podemos escrever como sistema de equações:

$$\begin{cases} 3 = \alpha \\ 4 = 2\alpha + \beta \\ 1 = 3\alpha + 4\beta \end{cases}$$

Resolvendo o sistema, temos que $\alpha = 3$ e $\beta = -2$. Dessa maneira, $\vec{u} = 3\vec{v} - 2\vec{w}$, lembrando que, se $(\vec{u}, \vec{v})$ for LD, $\vec{u}$ e $\vec{v}$ serão paralelos, logo um será múltiplo do outro, ou seja, existirá um número real α tal que $\vec{u} = \alpha\vec{v}$. Considerando $\vec{u} = (a_1, b_1, c_1)$ e $\vec{v} = (a_2, b_2, c_2)$, então:

$$\vec{u} = \alpha\vec{v}$$
$$(a_1, b_1, c_1)_B = \alpha(a_2, b_2, c_2)_B$$
$$(a_1, b_1, c_1)_B = (\alpha a_2, \alpha b_2, \alpha c_2)_B$$

Temos:

$$\begin{cases} a_1 = \alpha a_2 \\ b_1 = \alpha b_2 \\ c_1 = \alpha c_2 \end{cases}$$

Isolando α nas três igualdades acima, obtemos:

$$\frac{a_1}{a_2} = \frac{b_1}{b_2} = \frac{c_1}{c_2} = \alpha$$

Portanto, as coordenadas são proporcionais na razão α. Podemos escrever a proposição a seguir.

Proposição: Dados $\vec{u} = (a_1, b_1, c_1)_B$ e $\vec{v} = (a_2, b_2, c_2)_B$, o conjunto $(\vec{u}, \vec{v})$ é LD se, e somente se, as coordenadas de $\vec{u}$ e as coordenadas de $\vec{v}$ são proporcionais, ou seja, se $\frac{a_1}{a_2} = \frac{b_1}{b_2} = \frac{c_1}{c_2}$.

Exemplo 7

Considere uma base B de V^3, sejam $\vec{u} = (2, 8, 6)_B$, $\vec{v} = (1, 4, 3)_B$ e $\vec{w} = (4, 2, 1)_B$. Os vetores $\vec{u}$ e $\vec{v}$ são proporcionais ($\vec{u} = 2\vec{v}$), então $(\vec{u}, \vec{v})$ é LD. Os vetores $\vec{u}$ e $\vec{w}$ não são proporcionais, logo $(\vec{u}, \vec{w})$ é LI.

Notação

Para trabalhar com matrizes e determinantes, usaremos |M| para nos referirmos ao determinante da matriz M e [M] quando nos referirmos à matriz.

Proposição: Considere uma base B e os vetores $\vec{v}_1 = (a_1, b_1, c_1)_B$, $\vec{v}_2 = (a_2, b_2, c_2)_B$ e $\vec{v}_3 = (a_3, b_3, c_3)_B$. O conjunto $(\vec{v}_1, \vec{v}_2, \vec{v}_3)$ é LD se, e somente se,

$$\begin{vmatrix} a_1 & b_1 & c_1 \\ a_2 & b_2 & c_2 \\ a_3 & b_3 & c_3 \end{vmatrix} = 0$$

Exemplo 8

Vamos determinar se $(\vec{v}_1, \vec{v}_2, \vec{v}_3)$ é LD ou LI, sabendo que $\vec{v}_1 = (1, 2, 1)$, $\vec{v}_2 = (-2, 0, 3)$ e $\vec{v}_3 = (-1, 2, 4)$. Temos:

$$\begin{vmatrix} 1 & 2 & 1 \\ -2 & 0 & 3 \\ -1 & 2 & 4 \end{vmatrix} = 0$$

Logo, $(\vec{v}_1, \vec{v}_2, \vec{v}_3)$ é LD.

Exercício resolvido 3

Considerando a base $B = (\vec{u}, \vec{v}, \vec{w})$ e os vetores $\vec{v}_1 = 2\vec{u} - \vec{v} + \vec{w}$, $\vec{v}_2 = \vec{u} - 2\vec{v} + \vec{w}$ e $\vec{v}_3 = \vec{u} - \vec{v} + 2\vec{w}$, mostre que $(\vec{v}_1, \vec{v}_2, \vec{v}_3)$ é base de V^3.

As coordenadas dos vetores $\vec{v}_1, \vec{v}_2$ e $\vec{v}_3$ na base B são $\vec{v}_1 = (2, -1, 1)$, $\vec{v}_2 = (1, -2, 1)$ e $\vec{v}_3 = (1, -1, 2)$. Temos:

$$\begin{vmatrix} 2 & -1 & 1 \\ 1 & -2 & 1 \\ 1 & -1 & 2 \end{vmatrix} \neq 0$$

Então, $(\vec{v}_1, \vec{v}_2, \vec{v}_3)$ é LI. Logo, $(\vec{v}_1, \vec{v}_2, \vec{v}_3)$ é base.

Definição: Uma base $B = (\vec{u}, \vec{v}, \vec{w})$ é dita **ortonormal** se os vetores $\vec{u}$, $\vec{v}$ e $\vec{w}$ são todos unitários e dois a dois ortogonais, ou seja, $\vec{u} \perp \vec{v}$, $\vec{u} \perp \vec{w}$ e $\vec{v} \perp \vec{w}$.

Propriedade: Seja a base ortonormal B = ($\vec{v}_1, \vec{v}_2, \vec{v}_3$), se $\vec{u}$ = (α, β, γ), então $\|\vec{u}\| = \sqrt{\alpha^2 + \beta^2 + \gamma^2}$.

Vamos mostrar essa propriedade. Se $\vec{u}$ = (α, β, γ)$_B$, então $\vec{u} = \alpha\vec{v}_1 + \beta\vec{v}_2 + \gamma\vec{v}_3$. Isso pode ser representado graficamente da seguinte maneira:

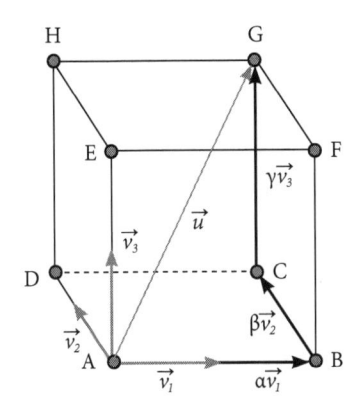

Considerando o triângulo ACG, percebemos que a base é ortonormal, ou seja, ele é retângulo, e temos também que $\vec{u} = \overrightarrow{AC} + \gamma\vec{v}_3$. Aplicando-se o teorema de Pitágoras, temos $\|\vec{u}\|^2 = \|\overrightarrow{AC}\|^2 + \|\gamma\vec{v}_3\|^2$.
Agora, considere $\overrightarrow{AC} = \alpha\vec{v}_1 + \beta\vec{v}_2$. Aplicando o teorema de Pitágoras no triângulo ABC, temos $\|\overrightarrow{AC}\|^2 = \|\alpha\vec{v}_1\|^2 + \|\beta\vec{v}_2\|^2$; substituindo na igualdade anterior, temos $\|\vec{u}\|^2 = \|\alpha\vec{v}_1\|^2 + \|\beta\vec{v}_2\|^2 + \|\gamma\vec{v}_3\|^2 = \alpha^2\|\vec{v}_1\|^2 +$ $+ \beta^2\|\vec{v}_2\|^2 + \gamma^2\|\vec{v}_3\|^2$. Como os vetores $\vec{v}_1, \vec{v}_2$ e $\vec{v}_3$ são unitários, ou seja, $\|\vec{v}_1\| = \|\vec{v}_2\| = \|\vec{v}_3\| = 1$, então $\|\vec{u}\|^2 = \alpha^2 + \beta^2 + \gamma^2$. Logo, $\|\vec{u}\| = \sqrt{\alpha^2 + \beta^2 + \gamma^2}$.

Agora, sejam os vetores $\vec{i}$ = (1, 0, 0), $\vec{j}$ = (0, 1, 0) e $\vec{k}$ = (0, 0, 1), o conjunto ($\vec{i}, \vec{j}, \vec{k}$) é uma base ortonormal de V^3 chamada de **base canônica**.

Exemplo 9

Seja ABCDEFGH um paralelepípedo retângulo com dimensões 3, 2 e 4, $\|\overrightarrow{DP}\| = \|\overrightarrow{DM}\| = \|\overrightarrow{DN}\| = 1$, como na figura a seguir. Vamos determinar as coordenadas dos vetores $\overrightarrow{DF}$ e $\overrightarrow{DB}$ nas bases B = ($\overrightarrow{DA}$, $\overrightarrow{DC}, \overrightarrow{DH}$), que é ortogonal, e na base ortonormal C = ($\overrightarrow{DP}, \overrightarrow{DM}, \overrightarrow{DN}$).

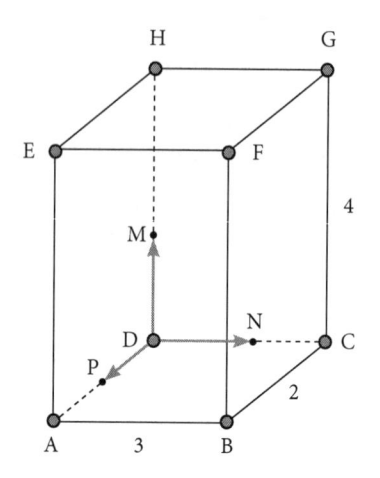

Em relação à base B, as coordenadas dos vetores são:

$$\overrightarrow{DP} = \overrightarrow{DC} + \overrightarrow{CB} + \overrightarrow{BF} = 1\overrightarrow{DA} + 1\overrightarrow{DC} + 1\overrightarrow{DH}$$
$$\overrightarrow{DF} = (1, 1, 1)_B$$
$$\overrightarrow{DB} = 1\overrightarrow{DA} + 1\overrightarrow{DC} + 0\overrightarrow{DH}$$
$$\overrightarrow{DB} = (1, 1, 0)_B$$

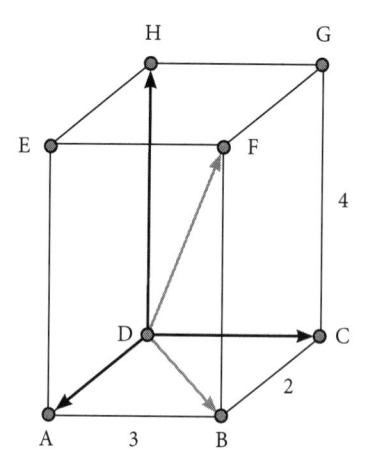

Em relação à base C, as coordenadas dos vetores são:

$$\overrightarrow{DF} = \overrightarrow{DA} + \overrightarrow{DC} + \overrightarrow{DH} = 2\overrightarrow{DP} + 3\overrightarrow{DN} + 4\overrightarrow{DM}$$
$$\overrightarrow{DF} = (2, 3, 4)_C$$
$$\overrightarrow{DB} = \overrightarrow{DA} + \overrightarrow{DC} + 3\overrightarrow{DN} + 0\overrightarrow{DM}$$
$$\overrightarrow{DB} = (2, 3, 0)_C$$

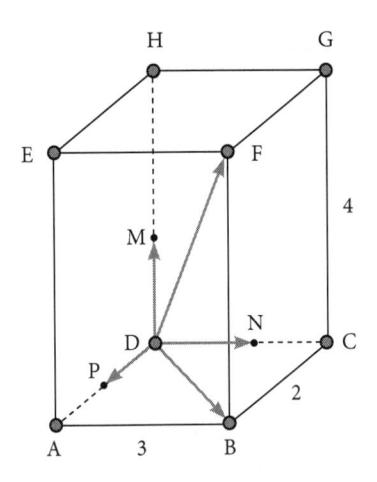

2.3.2 MUDANÇA DE BASE

Anteriormente, vimos que existem várias bases. Algumas vezes, pode ser conveniente utilizar determinada base, portanto é necessário aprender a usar várias.

Considere as bases $E = (\vec{e}_1, \vec{e}_2, \vec{e}_3)$ e $F = (\vec{f}_1, \vec{f}_2, \vec{f}_3)$. Como E é base de qualquer vetor, pode ser escrita como combinação linear. Então:

$$\vec{f}_1 = a_1\vec{e}_1 + b_1\vec{e}_2 + c_1\vec{e}_3$$
$$\vec{f}_2 = a_2\vec{e}_1 + b_2\vec{e}_2 + c_2\vec{e}_3$$
$$\vec{f}_3 = a_3\vec{e}_1 + b_3\vec{e}_2 + c_3\vec{e}_3$$

Um vetor qualquer $\vec{x}$ também pode ser escrito como combinação linear da base E e da base F:

$$\vec{x} = x_1\vec{e}_1 + y_1\vec{e}_2 + z_1\vec{e}_3$$
$$\vec{x} = x_2\vec{f}_1 + y_2\vec{f}_2 + z_2\vec{f}_3$$

Agora, vamos relacionar os coeficientes de $\vec{x}$ na base E com os da base F:

$$\vec{x} = x_2\vec{f}_1 + y_2\vec{f}_2 + z_2\vec{f}_3 =$$
$$= x_2(a_1\vec{e}_1 + b_1\vec{e}_2 + c_1\vec{e}_3) + y_2(a_2\vec{e}_1 + b_2\vec{e}_2 + c_2\vec{e}_3) + z_2(a_3\vec{e}_1 + b_3\vec{e}_2 + c_3)\vec{e}_3$$
$$= (x_2a_1 + y_2a_2 + z_2a_3)\vec{e}_1 + (x_2b_1 + y_2b_2 + z_2b_3)\vec{e}_2 + (x_2c_1 + y_2c_2 + z_2c_3)\vec{e}_3$$

Podemos escrever como produto de matrizes:

$$\begin{bmatrix} x_1 \\ y_1 \\ z_1 \end{bmatrix}_E = \begin{bmatrix} a_1 & a_2 & a_3 \\ b_1 & b_2 & b_3 \\ c_1 & c_2 & c_3 \end{bmatrix}_{M_{EF}} \begin{bmatrix} x_2 \\ y_2 \\ z_2 \end{bmatrix}_F$$

M_{EF} denota a matriz de mudança da base E para a base F.

Exercício resolvido 4

Considerando $E = (\vec{u}_1, \vec{u}_2, \vec{u}_3)$ e $F = (\vec{v}_1, \vec{v}_2, \vec{v}_3)$ bases e sabendo que $\vec{v}_1 = -\vec{u}_1 + \vec{u}_2$, $\vec{v}_2 = \vec{u}_2$ e $\vec{v}_3 = \vec{u}_2 + \vec{u}_3$, escreva a matriz de mudança da base E para a base F. Escreva as coordenadas de $\vec{x} = (2, 1, -1)_F$ em relação à base E.

Temos que:

$$\vec{v}_1 = -1\vec{u}_1 + 1\vec{u}_2 + 0\vec{u}_3$$
$$\vec{v}_2 = 0\vec{u}_1 + 1\vec{u}_2 + 0\vec{u}_3$$
$$\vec{v}_3 = 0\vec{u}_1 + 1\vec{u}_2 + 1\vec{u}_3$$

Então, a matriz de mudança da base E para a base F é:

$$M_{EF} = \begin{bmatrix} -1 & 0 & 0 \\ 1 & 1 & 1 \\ 0 & 0 & 1 \end{bmatrix}$$

Escrevendo $\vec{x} = (2, 1, -1)$ na base E, temos: $\begin{bmatrix} a \\ b \\ c \end{bmatrix} = \begin{bmatrix} -1 & 0 & 0 \\ 1 & 1 & 1 \\ 0 & 0 & 1 \end{bmatrix} \begin{bmatrix} 2 \\ 1 \\ -1 \end{bmatrix}$

Temos, então, que $a = -2$, $b = 2$ e $c = -1$.

Exercício resolvido 5

Considerando $E = (\vec{u}_1, \vec{u}_2, \vec{u}_3)$ e $F = (\vec{v}_1, \vec{v}_2, \vec{v}_3)$ bases e sabendo que $\vec{v}_1 = -\vec{u}_1 + \vec{u}_2$, $\vec{v}_2 = \vec{u}_2$ e $\vec{v}_3 = \vec{u}_2 + \vec{u}_3$, escreva a matriz de mudança da base F para a base E. Escreva as coordenadas de $\vec{x} = (1, 2, -3)_E$ em relação à base F.

Precisamos escrever os vetores $\vec{u}_1, \vec{u}_2$ e $\vec{u}_3$ em relação à base F para construir a matriz de mudança da base F para a base E. Sabemos que $\vec{v}_2 = \vec{u}_2$; portanto, substituindo em $\vec{v}_1 = -\vec{u}_1 + \vec{v}_2$ e em $\vec{v}_3 = \vec{v}_2 + \vec{u}_3$ e isolando os vetores $\vec{u}_1, \vec{u}_2$ e $\vec{u}_3$, temos:

$$\vec{u}_1 = -1\vec{v}_1 + 1\vec{v}_2 + 0\vec{v}_3$$
$$\vec{u}_2 = 0\vec{v}_1 + 1\vec{v}_2 + 0\vec{v}_3$$
$$\vec{u}_3 = 0\vec{v}_1 - 1\vec{v}_2 + 1\vec{v}_3$$

Então, a matriz de mudança da base F para a base E é:

$$\begin{bmatrix} -1 & 0 & 0 \\ 1 & 1 & -1 \\ 0 & 0 & 1 \end{bmatrix}$$

Escrevendo $\vec{x} = (1, 2, -3)$ na base F, temos:

$$\begin{bmatrix} a \\ b \\ c \end{bmatrix} = \begin{bmatrix} -1 & 0 & 0 \\ 1 & 1 & -1 \\ 0 & 0 & 1 \end{bmatrix} \begin{bmatrix} 1 \\ 2 \\ -3 \end{bmatrix}$$

Temos, então, que $\vec{x} = (-1, 6, -3)_F$.

Nos exemplos anteriores, trabalhamos com as bases $E = (\vec{u}_1, \vec{u}_2, \vec{u}_3)$ e $F = (\vec{v}_1, \vec{v}_2, \vec{v}_3)$. Escrevemos as matrizes de mudança da base E para a F e da base F para a E e obtivemos:

$$M_{EF} = \begin{bmatrix} -1 & 0 & 0 \\ 1 & 1 & 1 \\ 0 & 0 & 1 \end{bmatrix}_{EF} \text{ e } M_{FE} = \begin{bmatrix} -1 & 0 & 0 \\ 1 & 1 & -1 \\ 0 & 0 & 1 \end{bmatrix}_{FE}$$

Calculando $M_{EF} \cdot M_{FE} = I_{3 \times 3}$, vemos que a matriz M_{FE} é a matriz inversa de M_{EF}. Podemos generalizar esse fato com a próxima propriedade.

Propriedade: A matriz de mudança da base F para a base E é a matriz inversa da matriz de mudança da base E para a base F, ou seja, $M_{FE} = M_{EF}^{-1}$.

Síntese

Apresentamos, neste capítulo, a definição de base. Tratamos de combinação linear, dependência e independência linear relacionando a geometria com a álgebra. Com a definição de base, conseguimos escrever coordenadas para pontos e vetores. O conceito mais importante do capítulo é o de combinação linear, pois com ele definimos os demais conceitos; por isso, compreendê-lo é fundamental para o estudo desenvolvido.

Atividades de autoavaliação

1. Considere o paralelepípedo ABCDEFGH e verifique se as proposições a seguir são verdadeiras (V) ou falsas (F):

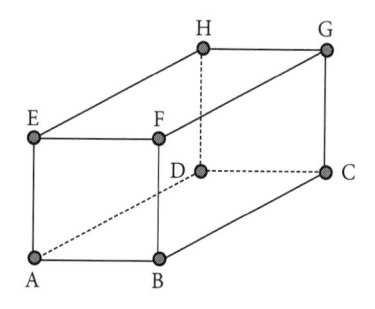

( ) $(\vec{AB}, \vec{BC}, \vec{CG})$ é LD.
( ) $(\vec{EH}, \vec{GB}, \vec{BF})$ é LD.
( ) $(\vec{AB}, \vec{EG})$ é LI.
( ) $(\vec{HE}, \vec{EF}, \vec{AC})$ é LI.

Assinale a alternativa que corresponde à sequência obtida:

a) F, V, F, V.
b) F, V, V, F.
c) V, V, F, V.
d) V, F, V, F.

2. Indique se as proposições a seguir são verdadeiras (V) ou falsas (F):

   ( ) $(\vec{u}, \vec{v})$ é LD, então $(\vec{u}, \vec{v}, \vec{w})$ é LD.
   ( ) $(\vec{u}, \vec{v}, \vec{w})$ é LI, então $(\vec{u}, \vec{v})$ é LI.
   ( ) $(\vec{u}, \vec{v})$ é LI, então $(\vec{u}, \vec{v}, \vec{w})$ é LI.
   ( ) $(\vec{u}, \vec{v}, \vec{w})$ é LD, então $(\vec{u}, \vec{v})$ é LD.
   ( ) $(\vec{u}, \vec{v})$ é LD, então $(\vec{u} + \vec{v}, \vec{u} - \vec{v})$ é LD.

   Assinale a alternativa que corresponde à sequência obtida:

   a) V, F, V, V, V.
   b) V, V, F, F, V.
   c) V, F, V, V, F.
   d) V, V, V, F, F.

3. Assinale a alternativa **incorreta**:

   a) Se $(\vec{u}, \vec{v}, \vec{w})$ é LD, então $(\vec{u}, \vec{v})$ pode ser LD ou LI.
   b) Se $(\vec{u}, \vec{v})$ é LI, então $(\vec{u}, \vec{v}, \vec{w})$ pode ser LD ou LI.
   c) Se $\vec{u}, \vec{v}$ e $\vec{w}$ não são nulos e se $(\vec{u}, \vec{v}, \vec{w})$ é LD, então $(2\vec{u}, -\vec{v})$ é LD.
   d) $(\vec{u}, \vec{v}, \vec{w})$ é LD se um dos vetores é gerado pelos outros dois.

4. Assinale a alternativa correta:

   a) O conjunto $((1, 0, 1), (2, 1, 0), (1, 1, 1))$ é uma base ortonormal de V^3.
   b) Seja B uma base qualquer de V^3 e $\vec{u} = (a, b, c)_B$, então $\|\vec{u}\| = \sqrt{a^2 + b^2 + c^2}$.
   c) Sejam E e F bases, M_{EF} é a matriz de mudança da base E para a base F e M_{FE} é a matriz de mudança da base F para a base E. Se $M_{EF} = M_{FE}$, então E = F.
   d) Se $\vec{u} = (a, b, c)_B$, $B = (\vec{v}_1, \vec{v}_2, \vec{v}_3)$ é uma base qualquer de V^3, então $\vec{u} = a\vec{v}_1 + b\vec{v}_2 + c\vec{v}_3$.

5. Considere o paralelepípedo retângulo ABCDEFG tal que os lados AB, AD e AE meçam, respectivamente, 3, 1 e 2. Sendo M o ponto médio do lado AB, indique se as afirmações a seguir são verdadeiras (V) ou falsas (F):

( ) $(\overrightarrow{AB}, \overrightarrow{AE}, \overrightarrow{AD})$ é uma base ortonormal.

( ) $\overrightarrow{AG} = (1, 1, 1)_B$, $B = (\overrightarrow{AB}, \overrightarrow{AE}, \overrightarrow{AD})$.

( ) $\|\overrightarrow{AG}\| = \sqrt{3}$.

( ) $\overrightarrow{AM} = \left(\dfrac{3}{2}, 0, 0\right)$ e $\|\overrightarrow{AM}\| = \dfrac{3}{2}$.

Assinale a alternativa que corresponde à sequência obtida:

a) F, V, F, V.
b) F, V, V, F.
c) V, V, F, V.
d) V, F, F, F.

Atividades de aprendizagem

Questões para reflexão

1. Considere os vetores $\vec{u}$ e $\vec{v}$, as bases $E = (\vec{e}_1, \vec{e}_2, \vec{e}_3)$ e $F = (\vec{f}_1, \vec{f}_2, \vec{f}_3)$ tais que $\vec{f}_1 = -\vec{e}_1 + \vec{e}_2$, $\vec{f}_2 = \vec{e}_2$ e $\vec{f}_3 = \vec{e}_2 + \vec{e}_3$. Se $\vec{u}$ e $\vec{v}$ são ortogonais em uma base E, eles são também ortogonais na base F? Como você justificaria sua resposta? É possível responder a essa questão sem fazer qualquer tipo de conta?

2. Considere o paralelepípedo ABCDEFGH e O o encontro de suas diagonais. Determine a matriz de mudança da base $E = (\overrightarrow{AB}, \overrightarrow{AD}, \overrightarrow{AE})$ para a base $F = (\overrightarrow{OE}, \overrightarrow{OH}, \overrightarrow{OG})$. Sendo M o ponto médio do lado AD, determine as coordenadas de $\overrightarrow{OM}$ na base F.

Atividades aplicadas: prática

1. Pesquise sobre o modelo tricromático RGB, de Young-Helmholtz, e sobre o modelo YIQ. Faça um resumo das informações selecionadas para explicá-los e escreva a matriz de mudança de base de um modelo para outro.

2. Conhecendo o conceito de base, como você poderia explicá-lo para uma pessoa leiga no assunto? Que exemplo prático você usaria?

Desvendando novos produtos

Neste capítulo, veremos os produtos escalar, vetorial e misto, que são operações feitas com vetores, e também como essas operações se relacionam. Para desenvolvermos esses produtos, é necessário o conhecimento de ângulos, tema de que trataremos no início deste capítulo. Utilizando esses produtos, definiremos projeção ortogonal, orientação do espaço e sistema de coordenadas. Algumas propriedades de geometria euclidiana, que já conhecemos, serão reescritas usando esses produtos.

3.1 Produto escalar

O produto escalar, também chamado de *produto interno*, é a operação entre vetores que resulta em um escalar, ou seja, um número real.

Considerando a medida angular entre dois vetores $\vec{u}$ e $\vec{v}$ como a medida θ do ângulo $A\hat{O}B$, formado por $\overrightarrow{OA}$ e $\overrightarrow{OB}$, representantes, respectivamente, de $\vec{u}$ e $\vec{v}$, vamos supor θ no intervalo $[0, \pi]$ se considerarmos a unidade de medida *radianos* e no intervalo de [0, 180] se considerarmos a unidade de medida *grau*.

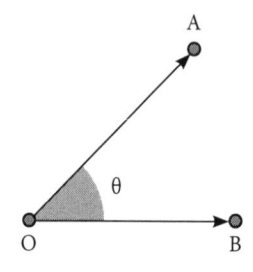

Definição: O produto escalar dos vetores $\vec{u}$ e $\vec{v}$, representado por $\vec{u} \cdot \vec{v}$, é o número real tal que:

- se $\vec{u}$ ou $\vec{v}$ é nulo, então $\vec{u} \cdot \vec{v} = 0$;
- se $\vec{u}$ e $\vec{v}$ não são nulos, então $\vec{u} \cdot \vec{v} = \|\vec{u}\| \, \|\vec{v}\| \cos\theta$, em que θ é o ângulo entre os vetores $\vec{u}$ e $\vec{v}$.

> **Fique atento!**
>
> Cuidado para não confundir produto escalar com produto de um vetor por um escalar. O primeiro é o produto entre dois vetores que resulta em um escalar, e o segundo é o produto de um vetor por um escalar, resultando em um vetor.

Exemplo 1

Sejam os vetores $\vec{u} = (2, 2, -1)$ e $\vec{v} = (2, -1, 2)$ e o ângulo entre eles $\theta = 60°$, o produto escalar entre eles é:

$$\vec{u} \cdot \vec{v} = \|(2, 2, -1)\| \, \|(2, -1, 2)\| \cos(60°) =$$

$$\sqrt{2^2 + 2^2 + (-1)^2} \sqrt{2^2 + (-1)^2 + 2^2} \cos(60°) = \sqrt{9}\sqrt{9}\,\frac{1}{2} = \frac{9}{2}$$

Exemplo 2

Sejam o vetor $\vec{u} = (2, 2, -1)$ e o número real 3, o produto de um vetor pelo escalar é $3\vec{u} = (2, 2, -1) = (6, 6, -3)$.

Proposições:

a. Se $\vec{u}$ e $\vec{v}$ não são nulos e θ é o ângulo entre eles, então $\cos\theta = \dfrac{\vec{u} \cdot \vec{v}}{\|\vec{u}\| \|\vec{v}\|}$.

b. Para qualquer vetor $\vec{v}$, temos que $\|\vec{v}\| = \sqrt{\vec{v} \cdot \vec{v}}$.

c. Para quaisquer vetores $\vec{u}$ e $\vec{v}$, temos que $\vec{u} \perp \vec{v}$ se, e somente se, $\vec{u} \cdot \vec{v} = 0$.

Demonstração:

- O primeiro item decorre da definição de produto escalar.

- Para o segundo, temos: se $\vec{v} = \vec{0}$, então pela definição de produto escalar $\vec{v} \cdot \vec{v} = \vec{0}$ e $\|\vec{v}\| = 0$; portanto $\|\vec{v}\| = \vec{v} \cdot \vec{v}$. Caso $\vec{v} \neq 0$, pela definição de produto escalar $\vec{v} \cdot \vec{v} = \|\vec{v}\| \|\vec{v}\| \cos 0 = \|\vec{v}\| \|\vec{v}\| = \|\vec{v}\|^2$; logo, $\|\vec{v}\| = \sqrt{\vec{v} \cdot \vec{v}}$

- Para o terceiro item, temos que, se $\vec{u} \perp \vec{v}$, o ângulo θ entre $\vec{u}$ e $\vec{v}$ é 90°, então $\vec{u} \cdot \vec{v} = \|\vec{u}\| \|\vec{v}\| \cos 90° = 0$. Se um dos vetores é nulo, então $\vec{u} \cdot \vec{v} = 0$ e $\vec{u} \perp \vec{v}$. Se ambos os vetores são não nulos e $\vec{u} \cdot \vec{v} = 0$, então $\vec{u} \cdot \vec{v} = \|\vec{u}\| \|\vec{v}\| \cos\theta = 0$. Sabemos que $\|\vec{u}\| \neq 0$ e $\|\vec{v}\| \neq 0$; logo, para que $\vec{u} \cdot \vec{v} = \|\vec{u}\| \|\vec{v}\| \cos\theta = 0$, então $\cos\theta = 0$; portanto, $\vec{u} \perp \vec{v}$.

Consideremos o triângulo AOB como na figura a seguir, sendo $\vec{u} = \overrightarrow{OB}$, $\vec{v} = \overrightarrow{OA}$ e $\vec{u} - \vec{v} = \overrightarrow{AB}$.

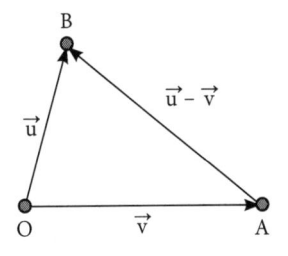

Considere uma base ortonormal em que temos $\vec{u} = (x_1, y_1, z_1)$ e $\vec{v}_2 = (x_2, y_2, z_2)$. Usando a lei dos cossenos, descobrimos que $\|\vec{u} - \vec{v}\|^2 = \|\vec{u}\|^2 + \|\vec{v}\|^2 - 2\|\vec{u}\| \|\vec{v}\| \cos\theta$.

Vamos desenvolver o primeiro lado da igualdade:

$$\|\vec{u} - \vec{v}\|^2 = \|(x_1 - x_2, y_1 - y_2, z_1 - z_2)\|^2 =$$
$$= (x_1 - x_2)^2 + (y_1 - y_2)^2 + (z_1 - z_2)^2 =$$
$$= x_1^2 - 2x_1x_2 + x_2^2 + y_1^2 - 2y_1y_2 + y_2^2 + z_1^2 - 2z_1z_2 + z_2^2 =$$
$$= x_1^2 + y_1^2 + z_1^2 + x_2^2 + y_2^2 + z_2^2 - 2(x_1x_2 + y_1y_2 + z_1z_2) =$$
$$= \|\vec{u}\|^2 + \|\vec{v}\|^2 - 2(x_1x_2 + y_1y_2 + z_1z_2)$$

Temos as igualdades:

$$\|\vec{u} - \vec{v}\|^2 = \|\vec{u}\|^2 + \|\vec{v}\|^2 - 2\|\vec{u}\|\,\|\vec{v}\|\cos\theta$$
$$\|\vec{u} - \vec{v}\|^2 = \|\vec{u}\|^2 + \|\vec{v}\|^2 - 2(x_1x_2 + y_1y_2 + z_1z_2)$$

Logo:

$$\|\vec{u}\|^2 + \|\vec{v}\|^2 - 2\|\vec{u}\|\,\|\vec{v}\|\cos\theta = \|\vec{u}\|^2 + \|\vec{v}\|^2 - 2(x_1x_2 + y_1y_2 + z_1z_2)$$
$$\|\vec{u}\|\,\|\vec{v}\|\cos\theta = x_1x_2 + y_1y_2 + z_1z_2$$

Podemos escrever, então, a próxima proposição.

Proposição: Para quaisquer vetores $\vec{u} = (x_1, y_1, z_1)$ e $\vec{v} = (x_2, y_2, z_2)$ escritos em uma base ortonormal, $\vec{u} \cdot \vec{v} = x_1x_2 + y_1y_2 + z_1z_2$.

Relembrando!

Lei dos cossenos: Considerando um triângulo ABC como na figura a seguir, valem as seguintes igualdades:
- $a^2 = b^2 + c^2 - 2bc\cos(\alpha)$
- $b^2 = a^2 + c^2 - 2ac\cos(\beta)$
- $c^2 = a^2 + b^2 - 2ab\cos(\gamma)$

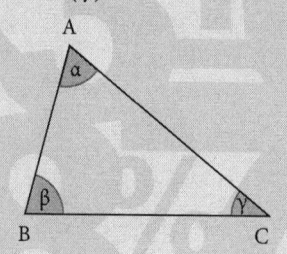

Exercício resolvido 1

Obtenha os vetores de norma $2\sqrt{3}$ ortogonais a $\vec{u} = (2, 1, -1)$ e $\vec{v} = (1, 3, 2)$. Qual forma ângulo agudo com $\vec{w} = (1, 1, 1)$?

Vamos encontrar os vetores $\vec{x} = (a, b, c)$ tais que:

- $\vec{x} \cdot \vec{u} = 0$ e $\vec{x} \cdot \vec{v} = 0$ (da informação de que são ortogonais a $\vec{u}$ e $\vec{v}$).

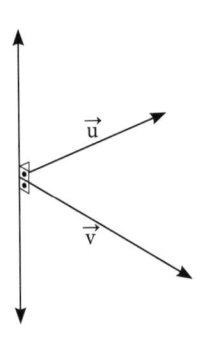

- $\|\vec{x}\| = 2\sqrt{3}$

Considerando o primeiro item, temos:

$$\begin{cases} \vec{x} \cdot \vec{u} = (a, b, c) \cdot (2, 1, -1) = 2a + b - c = 0 \\ \vec{x} \cdot \vec{v} = (a, b, c) \cdot (1, 3, 2) = a + 3b + 2c = 0 \end{cases}$$

$$\begin{cases} 2a + b - c = 0 \\ a + 3b + 2c = 0 \end{cases}$$

Do sistema resultam $a = c$ e $b = -c$, reescrevendo $\vec{x} = (c, -c, c)$.

Considerando o segundo item, temos $\|\vec{x}\| = \|(c, -c, c)\| = \sqrt{c^2 + c^2 + c^2} = \sqrt{3c^2} = 2\sqrt{3}$; portanto, $c = \pm 2$, $\vec{x}_1 = (2, -2, 2)$ e $\vec{x}_2 = (-2, 2, -2)$.

Agora, vamos determinar qual vetor forma ângulo agudo com $\vec{w}$:

$$\cos\theta = \frac{\vec{w} \cdot \vec{x}_1}{\|\vec{w}\| \|\vec{x}_1\|} = \frac{(1, 1, 1) \cdot (2, -2, 2)}{\sqrt{1+1+1}\sqrt{4+4+4}} = \frac{2}{6} = \frac{1}{3}$$

$\cos\theta = \dfrac{1}{3} > 0$; portanto, temos que $\vec{x}_1$ forma ângulo agudo com $\vec{w}$.

> **Relembrando!**
>
> Um ângulo θ ∈ [0°, 180°] é dito ângulo **agudo** se seu valor é menor que 90°, **obtuso** se é maior que 90° e **reto** se é igual a 90°. O valor do cosseno dos ângulos situados no primeiro quadrante (ângulos agudos) é positivo, e o valor do cosseno dos situados no segundo quadrante (ângulos obtusos) é negativo.

Propriedades: Para quaisquer vetores $\vec{u}$, $\vec{v}$ e $\vec{w}$ e qualquer valor real α, temos:

- $\vec{u} \cdot (\vec{v} + \vec{w}) = \vec{u} \cdot \vec{v} + \vec{u} \cdot \vec{w}$
- $\alpha(\vec{u} \cdot \vec{v}) = (\alpha\vec{u})\vec{v} = \vec{u}(\alpha\vec{v})$
- $\vec{u} \cdot \vec{v} = \vec{v} \cdot \vec{u}$
- Se $\vec{u} \neq 0$, então $\vec{u} \cdot \vec{u} > 0$

Exemplo 3

Vamos determinar a para que $\vec{u}(2, 1, -5)$ e $\vec{v} = (3, a, 2)$ sejam ortogonais. Para serem ortogonais, $\vec{u} \cdot \vec{v} = 0$, então $(2, 1, -5) \cdot (3, a, 2) =$ $= 6 + a - 10 = -4 + a = 0$, resultando a = 4.

Exemplo 4

Vamos calcular $\|3\vec{u} + 2\vec{v}\|^2$, sabendo que $\|\vec{v}\| = 2$, $\vec{u}$ é unitário e a medida angular entre $\vec{u}$ e $\vec{v}$ é 60°.

$$\|3\vec{u} + 2\vec{v}\|^2 = \|3\vec{u}\|^2 + 2\|3\vec{u} \cdot 2\vec{v}\| + \|2\vec{v}\|^2 =$$
$$= 9\|\vec{u}\|^2 + 12\vec{u} \cdot \vec{v} + 4\|\vec{v}\|^2 =$$
$$= 9 + 12\vec{u} \cdot \vec{v} + 8 =$$
$$= 17 + 12\vec{u} \cdot \vec{v}$$

Para continuar, vamos calcular $\vec{u} \cdot \vec{v}$:

$$\cos(0) = \frac{\vec{u} \cdot \vec{v}}{\|\vec{u}\| \|\vec{v}\|}$$

$$\cos(60°) = \frac{\vec{u} \cdot \vec{v}}{2}$$

$$\frac{1}{2} = \frac{\vec{u} \cdot \vec{v}}{2}$$

$$1 = \vec{u} \cdot \vec{v}$$

Substituindo na equação $\|3\vec{u} + 2\vec{v}\|^2 = 17 + 12\vec{u} \cdot \vec{v}$, temos $\|3\vec{u} + 2\vec{v}\|^2 =$ $= 17 + 12 = 29$.

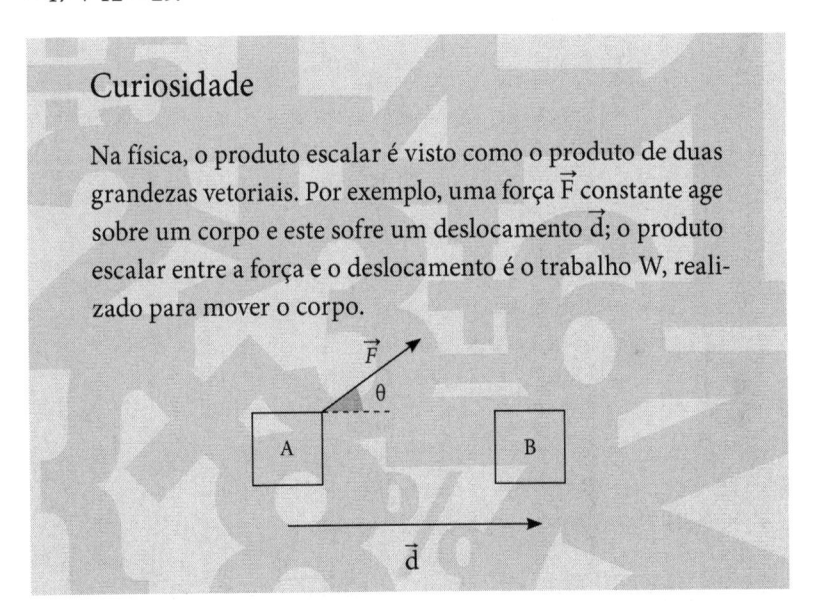

> **Curiosidade**
>
> Na física, o produto escalar é visto como o produto de duas grandezas vetoriais. Por exemplo, uma força $\vec{F}$ constante age sobre um corpo e este sofre um deslocamento $\vec{d}$; o produto escalar entre a força e o deslocamento é o trabalho W, realizado para mover o corpo.

3.1.1 Projeção ortogonal

Definição: Dado um vetor $\vec{u}$ não nulo e um vetor qualquer $\vec{v}$, o vetor $\vec{p}$ tal que $\vec{p}$ é paralelo a $\vec{u}$ e $(\vec{v} - \vec{p})$ é ortogonal a $\vec{u}$. Chamamos $\vec{p}$ de projeção ortogonal e escrevemos $\mathbf{proj}^{\vec{v}}_{\vec{u}}$.

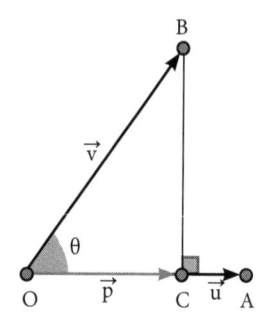

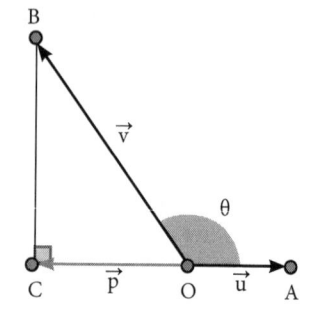

Na definição de projeção ortogonal, $\vec{v} - \vec{p}$ corresponde na figura acima a $\overrightarrow{CB}$. Observe que não importa se $\vec{p}$ e $\vec{u}$ têm o mesmo sentido ou sentidos opostos.

Fique atento!

Se $\vec{v}$ é ortogonal a $\vec{u}$, então $\text{proj}_{\vec{u}}^{\vec{v}} = \vec{0}$; se $\vec{v}$ é paralelo a $\vec{u}$, então $\text{proj}_{\vec{u}}^{\vec{v}} = \vec{v}$.

Vamos agora encontrar uma expressão para a $\text{proj}_{\vec{u}}^{\vec{v}}$. Considerando a definição, temos:

- $\vec{p} // \vec{u}$ (lê-se "$\vec{p}$ paralelo a $\vec{u}$"), então existe um escalar α tal que $\vec{p} = \alpha \vec{u}$.

- $(\vec{v} - \vec{p}) \perp \vec{u}$ (lê-se "$(\vec{v} - \vec{p})$ ortogonal a $\vec{u}$"), então $(\vec{v} - \vec{p}) \cdot \vec{u} = 0$. Usando o item anterior, temos $(\vec{v} - \vec{p}) \cdot \vec{u} = (\vec{v} - \alpha\vec{u})\vec{u} =$
$= \vec{v} \cdot \vec{u} - \alpha \vec{u} \cdot \vec{u} = \vec{v} \cdot \vec{u} - \alpha \|\vec{u}\|^2 = 0$, ou seja, $\alpha = \dfrac{\vec{v} \cdot \vec{u}}{\|\vec{u}\|^2}$.

Logo,

$$\text{proj}_{\vec{u}}^{\vec{v}} = \vec{p} = \alpha \vec{u} = \dfrac{\vec{v} \cdot \vec{u}}{\|\vec{u}\|^2} \vec{u}$$

Exercício resolvido 2

Considerando os vetores $\overrightarrow{AB} = (3, 0, 1)$ e $\overrightarrow{AC} = (1, 2, -1)$, verifique que os pontos A, B e C são vértices de um triângulo. Calcule o comprimento da altura relativa à base AB.

Para mostrar que os pontos A, B e C são vértices de um triângulo, basta mostrar que $(\overrightarrow{AB}, \overrightarrow{AC})$ é linearmente independente (LI); assim, os pontos não podem ser colineares. De fato, $(\overrightarrow{AB}, \overrightarrow{AC})$ é LI, pois os vetores $\overrightarrow{AB}$ e $\overrightarrow{AC}$ não são proporcionais.

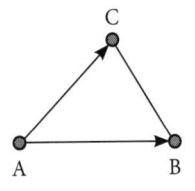

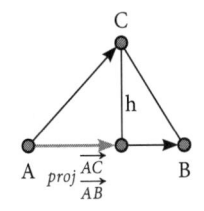

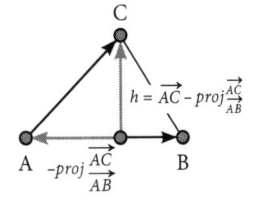

A altura h relativa à base AB é $\|\overrightarrow{AC} - \text{proj}_{\overrightarrow{AB}}^{\overrightarrow{AC}}\|$.

$$\text{proj}_{\overrightarrow{AB}}^{\overrightarrow{AC}} = \frac{\overrightarrow{AC} \cdot \overrightarrow{AB}}{\|\overrightarrow{AB}\|^2} \overrightarrow{AB} = \frac{(1, 2, -1) \cdot (3, 0, 1)}{3^2 + 1^2} \overrightarrow{AB} = \frac{2}{10}(3, 0, 1) =$$

$$= \left(\frac{3}{5}, 0, \frac{1}{5}\right)$$

$$\overrightarrow{AC} - \text{proj}_{\overrightarrow{AB}}^{\overrightarrow{AC}} = \left(\frac{2}{5}, 2, -\frac{6}{5}\right)$$

$$\left\|\left(\frac{2}{5}, 2, -\frac{6}{5}\right)\right\| = \sqrt{\frac{4}{25} + 4 + \frac{36}{25}} = \frac{2\sqrt{7}}{5}$$

Portanto, a altura relativa à base AB tem o comprimento de $\frac{2\sqrt{7}}{5}$ unidades de medida.

3.1.2 Orientação de V^3

Já vimos que qualquer conjunto de três vetores LI é uma base para V^3. Vamos agora definir uma orientação para esse espaço.

Definição: Sejam E e F bases de V^3, E será concordante com F se a matriz M_{EF} tiver determinante positivo e será discordante de F se o determinante for negativo.

Vamos separar o conjunto das bases de V^3 em dois subconjuntos não vazios e disjuntos:

- A: o conjunto das bases que são concordantes com E;
- B: o conjunto das bases que são discordantes de E.

Escolhendo e fixando um dos conjuntos, A ou B, dizemos que V^3 está orientado, sendo que cada base do conjunto escolhido é chamada de *base positiva* e a do outro conjunto é chamada de *base negativa*.

Exemplo 5

Uma torneira abre quando giramos para a esquerda e fecha quando giramos para a direita. Representando essa situação como na figura a seguir, vemos que as bases têm orientações distintas: uma é positiva e a outra é negativa.

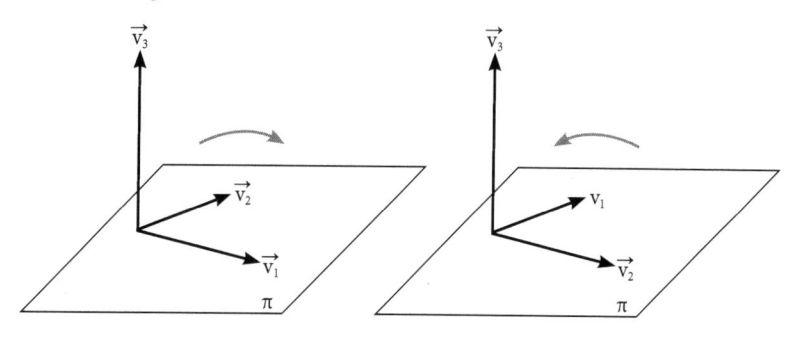

3.2 Produto vetorial

Vamos considerar, neste capítulo, que temos fixada uma orientação para V^3.

Definição: O produto vetorial de $\vec{u}$ por $\vec{v}$ é o vetor, denotado por $\vec{u} \wedge \vec{v}$, tal que:

- se $(\vec{u}, \vec{v})$ é linearmente dependente (LD), então $\vec{u} \wedge \vec{v} = \vec{0}$;
- se $(\vec{u}, \vec{v})$ é linearmente independente (LI) e θ é a medida angular entre $\vec{u}$ e $\vec{v}$, então:

  a. $\|\vec{u} \wedge \vec{v}\| = \|\vec{u}\| \|\vec{v}\| \operatorname{sen}\theta$;

  b. $\vec{u} \wedge \vec{v}$ é ortogonal a $\vec{u}$ e a $\vec{v}$;

  c. $(\vec{u}, \vec{v}, \vec{u} \wedge \vec{v})$ é uma base positiva.

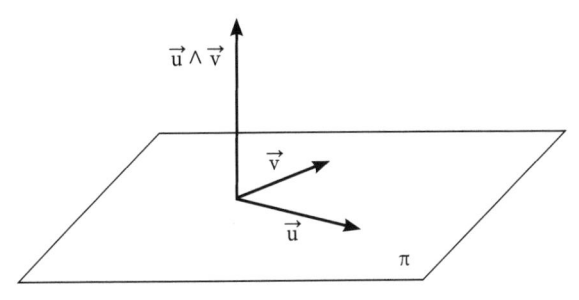

Considere o paralelogramo ABCD, sendo $\overrightarrow{AB} = \vec{u}$, $\overrightarrow{AD} = \vec{v}$ e h a altura do paralelogramo. Temos, então, duas possibilidades de figura:

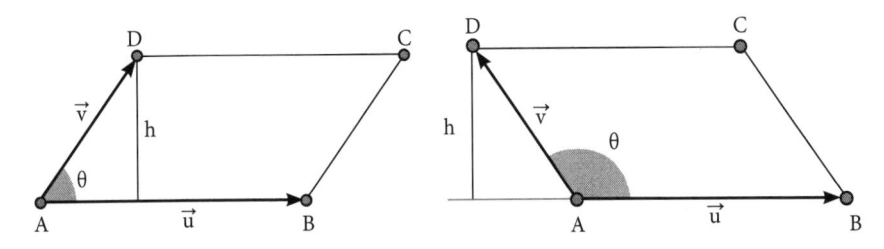

No primeiro caso, a área do paralelogramo é $A = \|\vec{u}\|h$, e podemos escrever a altura como $h = \|\vec{v}\|\,\text{sen}\,\theta$, então $A = \|\vec{u}\|\,\|\vec{v}\|\,\text{sen}\,\theta = \|\vec{u} \wedge \vec{v}\|$. O mesmo vale para o segundo caso: a área do paralelogramo é $A = \|\vec{u}\|h$, e $h = \|\vec{v}\|\,\text{sen}(\pi - 0) = \|\vec{v}\|\,\text{sen}(\theta)$, então $A = \|\vec{u}\|\,\|\vec{v}\|\,\text{sen}\,\theta = \|\vec{u} \wedge \vec{v}\|$.

> **Fique atento!**
>
> O produto escalar de dois vetores resulta em um número, e o produto vetorial resulta em um vetor. A área do paralelogramo ABCD é a **norma** do vetor resultante do produto vetorial $\overrightarrow{AB}$ e $\overrightarrow{AD}$.

Propriedades: Sejam quaisquer vetores $\vec{u}$, $\vec{v}$ e $\vec{w}$ quaisquer e o número real α, temos:

- $\vec{u} \wedge \vec{v} = -\vec{v} \wedge \vec{u}$

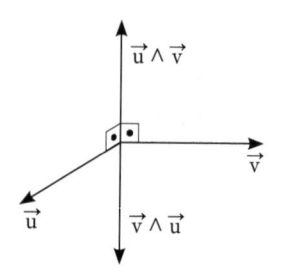

- $\alpha(\vec{u} \wedge \vec{v}) = (\alpha\vec{u}) \wedge \vec{v} = \vec{u} \wedge (\alpha\vec{v})$
- $\vec{u} \wedge (\vec{v} + \vec{w}) = \vec{u} \wedge \vec{v} + \vec{u} \wedge \vec{w}$ e $(\vec{u} + \vec{v}) \wedge \vec{w} = \vec{u} \wedge \vec{w} + \vec{v} \wedge \vec{w}$

Exemplo 6

Considerando os vetores $\vec{i}, \vec{j}, \vec{k}$, que formam uma base ortonormal, vamos calcular os seguintes produtos vetoriais:

a) $\vec{i} \wedge \vec{i} = \vec{0}$
b) $\vec{i} \wedge \vec{j} = \vec{k}$
c) $\vec{i} \wedge \vec{k} = -\vec{j}$
d) $\vec{j} \wedge \vec{j} = \vec{0}$
e) $\vec{j} \wedge \vec{i} = -\vec{k}$
f) $\vec{j} \wedge \vec{k} = \vec{i}$
g) $\vec{k} \wedge \vec{i} = \vec{j}$
h) $\vec{k} \wedge \vec{j} = -\vec{i}$
i) $\vec{k} \wedge \vec{k} = \vec{0}$

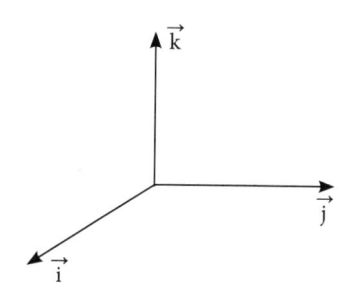

Proposição: Considere a base ortonormal $B = (\vec{i}, \vec{j}, \vec{k})$. Sejam $\vec{u} = (a_1, b_1, c_1)_B$ e $\vec{v} = (a_2, b_2, c_2)_B$, então:

$$\vec{u} \wedge \vec{v} = \begin{vmatrix} \vec{i} & \vec{j} & \vec{k} \\ a_1 & b_1 & c_1 \\ a_2 & b_2 & c_2 \end{vmatrix}$$

Vejamos como obtivemos esse resultado.

Dados os vetores $\vec{u} = (a_1, b_1, c_1)_B$ e $\vec{v} = (a_2, b_2, c_2)_B$, podemos escrevê-los como:

$$\vec{u} = a_1 \vec{i} + b_1 \vec{j} + c_1 \vec{k}$$
$$\vec{v} = a_2 \vec{i} + b_2 \vec{j} + c_2 \vec{k}$$

Então:

$$\vec{u} \wedge \vec{v} = (a_1 \vec{i} + b_1 \vec{j} + c_1 \vec{k}) \wedge (a_2 \vec{i} + b_2 \vec{j} + c_2 \vec{k})$$

Pela terceira propriedade do produto vetorial, temos:

$$\vec{u} \wedge \vec{v} = (a_1 \vec{i} + b_1 \vec{j} + c_1 \vec{k}) \wedge (a_2 \vec{i} + b_2 \vec{j} + c_2 \vec{k}) =$$
$$= a_1 \vec{i} \wedge a_2 \vec{i} + a_1 \vec{i} \wedge b_2 \vec{j} + a_1 \vec{i} \wedge c_2 \vec{k} +$$
$$+ b_1 \vec{j} \wedge a_2 \vec{i} + b_1 \vec{j} \wedge b_2 \vec{j} + b_1 \vec{j} \wedge c_2 \vec{k} +$$
$$+ c_1 \vec{k} \wedge a_2 \vec{i} + c_1 \vec{k} \wedge b_2 \vec{j} + c_1 \vec{k} \wedge c_2 \vec{k}$$

Usando a segunda propriedade do produto vetorial, vamos agrupar os escalares com escalares e vetores com vetores:

$$\vec{u} \wedge \vec{v} = a_1 a_2 \vec{i} \wedge \vec{i} + a_1 b_2 \vec{i} \wedge \vec{j} + a_1 c_2 \vec{i} \wedge \vec{k} + b_1 a_2 \vec{j} \wedge \vec{i} + b_1 b_2 \vec{j} \wedge \vec{j} + b_1 c_2 \vec{j} \wedge \vec{k} + c_1 a_2 \vec{k} \wedge \vec{i} + c_1 b_2 \vec{k} \wedge \vec{j} + c_1 c_2 \vec{k} \wedge \vec{k}$$

Resolvendo os produtos como fizemos no exemplo anterior, temos:

$$\vec{u} \wedge \vec{v} = a_1 b_2 \vec{k} - a_1 c_2 \vec{j} - b_1 a_2 \vec{k} + b_1 c_2 \vec{i} + c_1 a_2 \vec{j} - c_1 b_2 \vec{i}$$

Reescrevendo, juntando os fatores comuns, obtemos:

$$\vec{u} \wedge \vec{v} = (b_1 c_2 - c_1 b_2) \vec{i} + (c_1 a_2 - a_1 c_2) \vec{j} + (a_1 b_2 - a_2 b_1) \vec{k}$$

Isso corresponde ao determinante da matriz:

$$\vec{u} \wedge \vec{v} = \begin{vmatrix} \vec{i} & \vec{j} & \vec{k} \\ a_1 & b_1 & c_1 \\ a_2 & b_2 & c_2 \end{vmatrix}$$

Notação

Adotamos o símbolo $\wedge$ como notação para produto vetorial. Em outras obras, ou muitas vezes em física, é utilizada a notação $\times$.

Exemplo 7

Vamos determinar a altura relativa à base AB, do triângulo ABC, sabendo que $\vec{AB} = (2, -1, -2)$ e $\|\vec{AB} \wedge \vec{AC}\| = 12$.

A área A do triângulo ABC é $A = \dfrac{b \cdot h}{2} = \dfrac{\|\vec{AB} \wedge \vec{AC}\|}{2}$. Como $b = \|\vec{AB}\| = \sqrt{2^2 + (-1)^2 + (-2)^2} = 3$, temos que $h = \dfrac{\|\vec{AB} \wedge \vec{AC}\|}{\|\vec{AB}\|} = \dfrac{12}{3} = 4$.

Exercício resolvido 3

Determine o comprimento do lado CB do triângulo ABC sabendo que $\vec{AB} = \vec{u}$, $\vec{AC} = \vec{u} \wedge \vec{v}$, tal que $\vec{u} = (2, 1, -2)$ e $\vec{v} = (-2, 0, 2)$.

Como os lados do triângulo $\vec{AB} = \vec{u}$, $\vec{AC} = \vec{u} \wedge \vec{v}$ são ortogonais, então o triângulo é retângulo, e o terceiro lado CB é a hipotenusa. Vamos primeiro determinar $\vec{AC}$:

$$\vec{u} \wedge \vec{v} = \begin{vmatrix} \vec{i} & \vec{j} & \vec{k} \\ 2 & 1 & -2 \\ -2 & 0 & 2 \end{vmatrix} = 2\vec{i} + 4\vec{j} + 2\vec{k} - 4\vec{j} = 2\vec{i} + 0\vec{j} + 2\vec{k} = (2, 0, 2).$$

O comprimento de CB (considerando-se que h seja a hipotenusa) é:

$$\|\vec{u}\|^2 + \|\vec{u} \wedge \vec{v}\|^2 = h^2$$
$$17 = h^2$$
$$h = \sqrt{17}$$

Portanto, o comprimento de CB é $\sqrt{17}$.

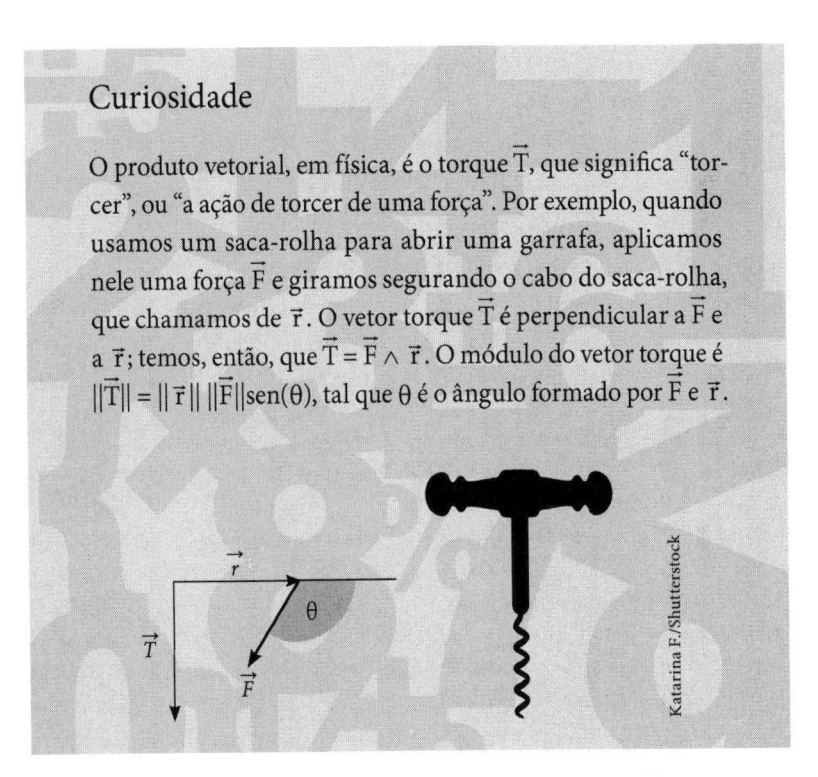

Curiosidade

O produto vetorial, em física, é o torque $\vec{T}$, que significa "torcer", ou "a ação de torcer de uma força". Por exemplo, quando usamos um saca-rolha para abrir uma garrafa, aplicamos nele uma força $\vec{F}$ e giramos segurando o cabo do saca-rolha, que chamamos de $\vec{r}$. O vetor torque $\vec{T}$ é perpendicular a $\vec{F}$ e a $\vec{r}$; temos, então, que $\vec{T} = \vec{F} \wedge \vec{r}$. O módulo do vetor torque é $\|\vec{T}\| = \|\vec{r}\| \|\vec{F}\| \operatorname{sen}(\theta)$, tal que θ é o ângulo formado por $\vec{F}$ e $\vec{r}$.

3.3 Produto misto

Definição: Sejam $\vec{u}$, $\vec{v}$ e $\vec{w}$ vetores quaisquer, o produto misto é um número real $\vec{u} \wedge \vec{v} \cdot \vec{w}$, denotado por $[\vec{u}, \vec{v}, \vec{w}]$.

Vamos buscar uma interpretação geométrica para o produto misto. Considere um paralelepípedo ABCDEFGH qualquer, como na figura a seguir.

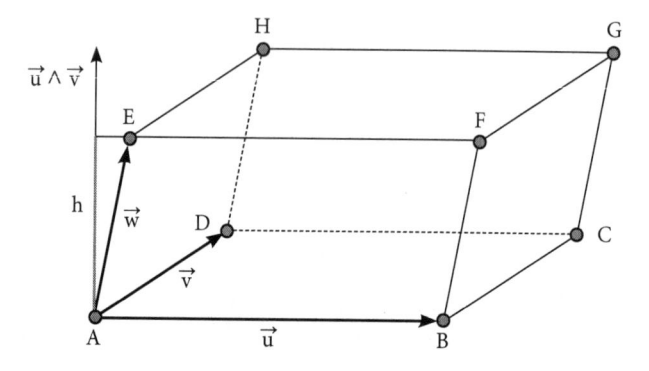

O volume V do paralelepípedo ABCDEFGH é:

$$V = \text{área da base} \cdot \text{altura} = \|\vec{u} \wedge \vec{v}\| \cdot h$$

A altura h é a norma da projeção ortogonal de $\vec{w}$ sobre $\vec{u} \wedge \vec{v}$, então $h = \dfrac{|\vec{w} \cdot \vec{u} \wedge \vec{v}|}{\|\vec{u} \wedge \vec{v}\|}$. Voltando ao volume, temos:

$$V = \text{área da base} \cdot \text{altura} =$$

$$= \|\vec{u} \wedge \vec{v}\| \cdot \dfrac{|\vec{w} \cdot \vec{u} \wedge \vec{v}|}{\|\vec{u} \wedge \vec{v}\|} = |\vec{w} \cdot \vec{u} \wedge \vec{v}| = |\vec{u} \wedge \vec{v} \cdot \vec{w}|$$

Sejam a base $B = (\vec{i}, \vec{j}, \vec{k})$ e os vetores $\vec{u} = (a_1, b_1, c_1)$, $\vec{v} = (a_2, b_2, c_2)$ e $\vec{w} = (a_3, b_3, c_3)$, vamos escrever uma maneira diferente de calcular o produto misto, $\vec{u} \wedge \vec{v} \cdot \vec{w}$:

$$\vec{u} \wedge \vec{v} = \begin{vmatrix} \vec{i} & \vec{j} & \vec{k} \\ a_1 & b_1 & c_1 \\ a_2 & b_2 & c_2 \end{vmatrix}$$

$$\vec{u} \wedge \vec{v} = (b_1 c_2 - c_1 b_2)\vec{i} + (c_1 a_2 - a_1 c_2)\vec{j} + (a_1 b_2 - a_2 b_1)\vec{k}$$

$$\vec{u} \wedge \vec{v} \cdot \vec{w} = (b_1 c_2 - c_1 b_2, c_1 a_2 - a_1 c_2, a_1 b_2 - a_1 b_2) \cdot (a_3, b_3, c_3)$$

$$\vec{u} \wedge \vec{v} \cdot \vec{w} = (b_1 c_2 a_3 - c_1 b_2 a_3 + c_1 a_2 b_3 - a_1 c_2 b_3 + a_1 b_2 c_3 - a_1 b_2 c_3)$$

GEOMETRIA ANALÍTICA

$$\vec{u} \wedge \vec{v} \cdot \vec{w} = \begin{vmatrix} a_1 & b_1 & c_1 \\ a_2 & b_2 & c_2 \\ a_3 & b_3 & c_3 \end{vmatrix}$$

Proposição: Seja B = ($\vec{i}$, $\vec{j}$, $\vec{k}$) e sejam $\vec{u}$ = (a_1, b_1, c_1), $\vec{v}$ = (a_2, b_2, c_2) e $\vec{w}$ = (a_3, b_3, c_3), então:

$$\vec{u} \wedge \vec{v} \cdot \vec{w} = \begin{vmatrix} a_1 & b_1 & c_1 \\ a_2 & b_2 & c_2 \\ a_3 & b_3 & c_3 \end{vmatrix}$$

Propriedades: Para quaisquer vetores $\vec{u}$, $\vec{u}_1$, $\vec{u}_2$, $\vec{v}$, $\vec{v}_1$, $\vec{v}_2$, $\vec{w}$, $\vec{w}_1$ e $\vec{w}_2$ e para quaisquer números reais α e β, valem:

- $[α\vec{u}_1 + β\vec{u}_2, \vec{v}, \vec{w}] = α[\vec{u}_1, \vec{v}, \vec{w}] + β[\vec{u}_2, \vec{v}, \vec{w}]$
- $[\vec{u}_1, α\vec{v}_1 + β\vec{v}_2, \vec{w}] = α[\vec{u}_1, \vec{v}_1, \vec{w}] + β[\vec{u}, \vec{v}_2, \vec{w}]$
- $[\vec{u}, \vec{v}, α\vec{w}_1 + β\vec{w}_2] = α[\vec{u}, \vec{v}, \vec{w}_1] + β[\vec{u}, \vec{v}, \vec{w}_2]$
- $[\vec{u}, \vec{v}, \vec{w}] = -[\vec{v}, \vec{u}, \vec{w}] = [\vec{v}, \vec{w}, \vec{u}] = -[\vec{u}, \vec{w}, \vec{v}] = [\vec{w}, \vec{u}, \vec{v}] = -[\vec{w}, \vec{v}, \vec{u}]$

Exercício resolvido 4

Sabendo que $\|\vec{u}\|$ = 2 e $\|\vec{v}\|$ = 3, que a medida angular entre $\vec{u}$ e $\vec{v}$ é 30° e que $\vec{w}$ é um vetor, tal que $\|\vec{w}\|$ = 4 e a medida angular entre $\vec{w}$ e $\vec{u} \wedge \vec{v}$ é 180°, calcule $[\vec{u}, \vec{v}, \vec{w}]$.

$$[\vec{u}, \vec{v}, \vec{w}] = \vec{u} \wedge \vec{v} \cdot \vec{w} = \|\vec{u} \wedge \vec{v}\| \|\vec{w}\| \cos(90°) =$$
$$\|\vec{u}\| \|\vec{v}\| \operatorname{sen} 30° \|\vec{w}\| \cos 180° =$$
$$= 2 \cdot 3 \cdot \frac{1}{2} \cdot 4 \cdot -1 = -12$$

Portanto, $[\vec{u}, \vec{v}, \vec{w}] = -12$.

3.3.1 Sistema de coordenadas

Seja uma base $B = (e_1, e_2, e_3)$ e O um ponto, (O, B) é chamado de *sistema de coordenadas*. O ponto O é chamado de *origem*. Se a base B é ortonormal, então o sistema é ortogonal. As coordenadas da origem são $O = (0, 0, 0)$, e as coordenadas do ponto P em relação ao sistema (O, B) são $P = (x_0, y_0, z_0)$, tal que x_0 é chamada de **abscissa**, y_0 é chamada de **ordenada** e z_0 é chamada de **cota**. Então, o vetor $\overrightarrow{OP}$ tem as coordenadas $P = (x_0, y_0, z_0)$.

Fique atento!

Não podemos interpretar o vetor $\overrightarrow{OP} = (x_1, y_1, z_1)$ como sendo igual ao ponto $P = (x_1, y_1, z_1)$; apesar de as coordenadas terem os mesmos valores, um representa um vetor e outro um ponto. As coordenadas do vetor são $\overrightarrow{OP} = (x_1 - 0, y_1 - 0, z_1 - 0)$; logo, sempre que tivermos as coordenadas de um vetor, a representação dele em um sistema de coordenadas terá origem em O e extremidade em P.

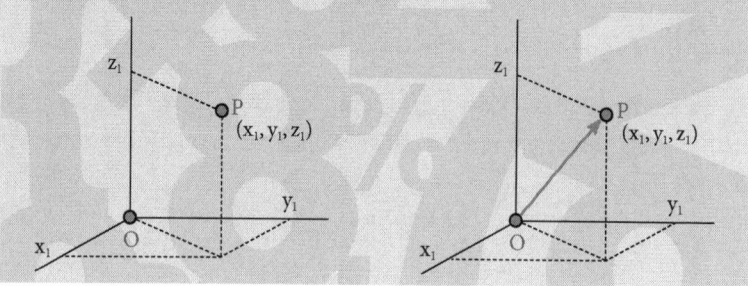

A reta paralela ao vetor e_1 e que contém O é chamada de **eixo das abscissas** ou **eixo x**, denotado por **Ox**. A reta paralela ao vetor e_2 e que contém O é o **eixo das ordenadas** ou **eixo y**, denotado por **Oy**. A reta paralela ao vetor e_3 e que contém O é o **eixo das cotas** ou **eixo z**, denotado por **Oz**. Chamamos, de modo geral, de **eixo coordenado** as retas paralelas aos vetores da base e que passam por O.

eixo das cotas
Oz

$\vec{e_3}$

Oy
eixo das ordenadas

O $\vec{e_2}$

Ox $\vec{e_1}$
eixo das abscissas

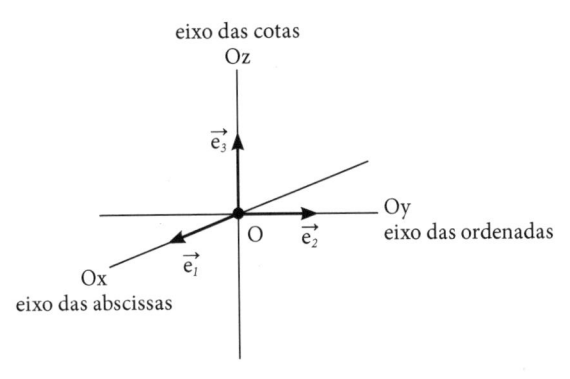

O plano determinado por Ox e Oy é chamado de **plano Oxy**, o plano determinado por Ox e Oz é o **plano Oxz**, e o plano determinado por Oy e Oz é o **plano Oyz**. Os planos Oxy, Oxz e Oyz são chamados, de modo geral, de **planos coordenados**.

Figura 3.1 – Planos coordenados

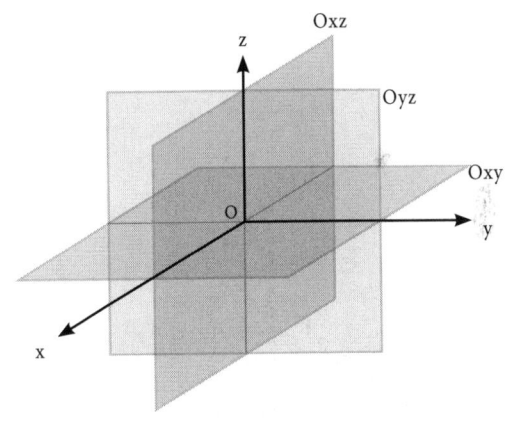

Fonte: FeiraMatik, 2010.

Exemplo 8

Vamos considerar o sistema de coordenadas formado por uma origem O e a base canônica ($\vec{i}, \vec{j}, \vec{k}$), sendo o ponto P = (2, 1, 3) e o ponto Q = (4, 2, 5). Vamos representar os pontos P, Q e o vetor $\overrightarrow{PQ}$.

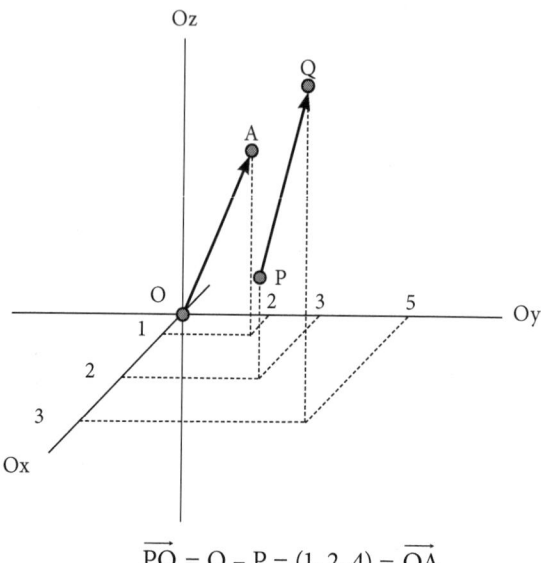

$$\overrightarrow{PQ} = Q - P = (1, 2, 4) = \overrightarrow{OA}$$

Proposição: Considerando-se o sistema de coordenadas (O, B), os pontos $A = (x_1, y_1, z_1)$, $B = (x_2, y_2, z_2)$, o vetor $\vec{u} = (a, b, c)$ e α um número real, então:

- $\overrightarrow{AB} = B - A = (x_2 - x_1, y_2 - y_1, z_2 - z_1)$
- $A + \alpha\vec{u} = (x_1 + \alpha a, y_1 + \alpha b, z_1 + \alpha c)$

Exemplo 9

Sejam os pontos $A = (6, 1, 8)$ e $B = (3, 5, 1)$ e seja o vetor $\vec{u} = (1, -1, 1)$, vamos determinar $\overrightarrow{AB}$ e $A + \vec{u}$.

$$\overrightarrow{AB} = B - A = (3, 5, 1) - (6, 1, 8) = (-3, 4, -7)$$

$$A + \vec{u} = (6, 1, 8) - (1, -1, 1) = (5, 2, 7)$$

Exercício resolvido 5

Sejam os pontos $A = (3, 1, -5)$ e $B = (1, 0, 2)$ e seja o vetor $\overrightarrow{AC} = (-2, 4, 1)$, mostre que os pontos A, B e C são vértices de um triângulo e determine as coordenadas do ponto C.

Temos $\overrightarrow{AB}$ = (1, 0, 2) − (3, 1, −5) = (−2, −1, 7). Como as coordenadas de $\overrightarrow{AB}$ e $\overrightarrow{AC}$ não são proporcionais, então ($\overrightarrow{AB}$, $\overrightarrow{AC}$) é LI e, portanto, A, B e C são vértices de um triângulo.

Temos que C = A + $\overrightarrow{AC}$ = (3, 1, −5) + (−2, 4, 1) = (1, 5, −4).

Síntese

Neste capítulo, examinamos as operações de produtos escalar, vetorial e misto. O produto escalar entre dois vetores é um número, e temos a relação dele com o cosseno do ângulo entre os vetores. Também em uma base, o produto escalar está relacionado com a norma do vetor, e com ele pudemos escrever uma equação para projeção ortogonal. O produto vetorial entre dois vetores resulta em um vetor que é ortogonal a ambos, e sua norma pode ser interpretada geometricamente como área. O produto misto é a sequência do produto vetorial com o escalar, resultando em um número que vimos estar relacionado a determinado volume.

Atividades de autoavaliação

1. Indique se as proposições a seguir são verdadeiras (V) ou falsas (F):

   ( ) Se $\text{proj}_{\vec{u}}^{\vec{v}} = \vec{v}$, então ($\vec{u}$, $\vec{v}$) é LD.

   ( ) $4\vec{u} \cdot \vec{v} = \|\vec{u} + \vec{v}\|^2 - \|\vec{u} - \vec{v}\|^2$.

   ( ) $\vec{u} \cdot \vec{u} = 0$, então $\vec{u} = \vec{0}$.

   Assinale a alternativa que corresponde à sequência obtida:

   a) V, F, V.
   b) F, F, F.
   c) V, V, V.
   d) F, F, V.

2. Assinale a alternativa **incorreta**:

   a) Se $\text{proj}_{\vec{u}}^{\vec{v}} = \vec{u}$, então $(\vec{v} - \vec{u}) \perp \vec{u}$.
   b) O vetor $\vec{u} \wedge \vec{v}$ é ortogonal a $\vec{u}$ e a $\vec{v}$.
   c) Se $\vec{u} \cdot \vec{v} = 0$, então $\|\vec{u} + \vec{v}\| = \|\vec{u} - \vec{v}\|$.
   d) O produto vetorial $\overrightarrow{AB} \wedge \overrightarrow{AC}$ representa a área do paralelogramo ABCD.

3. Indique se as afirmações são verdadeiras (V) ou falsas (F):

   ( ) $\vec{u} \cdot (\vec{v} - \vec{w}) = \vec{u} \cdot \vec{v} - \vec{u} \cdot \vec{w}$.
   ( ) $\vec{u} \cdot \vec{v} = 0$, então $\vec{u} = \vec{0}$ ou $\vec{v} = \vec{0}$.
   ( ) $\vec{u} = -\vec{v}$, então $\vec{u} \cdot \vec{v} \leq 0$.

   Assinale a alternativa que corresponde à sequência obtida:

   a) V, F, V.
   b) V, V, F.
   c) V, F, F.
   d) F, V, V.

4. Preencha as lacunas a seguir e depois assinale a alternativa correspondente:

   Considere o ponto P = (x, y, z). O ponto simétrico de P em relação ao eixo Ox é P_1 = (__, __, __). O ponto P_2 = (__, __, __) é simétrico ao ponto P em relação ao plano Oyz. O ponto P_3 = (x, –y, z) é o ponto simétrico a P em relação ao plano __. O ponto P_4 = (–x, –y, z) é simétrico a P em relação ao eixo __.

   a) (–x, y, z), (x, –y, –z), Oxy, Ox.
   b) (x, –y, -z), (–x, y, z), Oxz, Oz.
   c) (–x, y, z), (x, –y, –z), Oxz, Oz.
   d) (x, –y, –z), (–x, y, z), Oxy, Ox.

5. Assinale a alternativa correta:

   a) Um sistema de coordenadas ortogonal é composto de uma base ortogonal e uma origem O.

   b) O produto vetorial $\overrightarrow{AB} \wedge \overrightarrow{AD}$ pode ser interpretado como a área do paralelogramo ABCD, tal que o lado AB é paralelo a DC e o lado AD é paralelo a BC.

   c) O vetor projeção ortogonal de $\vec{v}$ em $\vec{u}$, representado por $\vec{p} = \text{proj}_{\vec{u}}^{\vec{v}}$, é ortogonal a $\vec{u}$.

   d) Sejam $\vec{u}$ e $\vec{v}$ vetores não nulos e θ a medida angular entre eles, então o produto escalar é $\vec{u} \cdot \vec{v} = \|\vec{u}\| \|\vec{v}\| \cos(\theta)$.

Atividades de aprendizagem

Questões para reflexão

1. Determinamos a área de um triângulo usando vetores e suas relações. É possível determinar a área de um polígono qualquer utilizando vetores e suas propriedades?

2. Conseguimos calcular o volume de um paralelepípedo usando vetores. É possível calcular o volume de outros sólidos conhecidos? Se sim, indique quais e explicite a fórmula.

Atividades aplicadas: prática

1. Identifique com coordenadas:

   a) O ponto A que pertence ao eixo Ox.

   b) O ponto B que pertence ao eixo Oy.

   c) O ponto C que pertence ao eixo Oz.

2. Prove que:

   a) $|\vec{u} \cdot \vec{v}| \leq \|\vec{u}\| \|\vec{v}\|$ (desigualdade de Schwarz)

   b) $\|\vec{u} + \vec{v}\| \leq \|\vec{u}\| \|\vec{v}\|$ (desigualdade triangular)

3. Prove que $\vec{u} \wedge \vec{v} \cdot \vec{w} = \vec{u} \cdot \vec{v} \wedge \vec{w}$ para quaisquer $\vec{u}$, $\vec{v}$ e $\vec{w}$.

O MUNDO DAS RETAS E DOS PLANOS

Neste capítulo, abordaremos diversas formas de equações das retas e dos planos. Utilizaremos vetores para desenvolver as equações da reta nas formas vetorial, paramétrica e simétrica. Além disso, trataremos de intersecção e posição relativa de retas e planos. Relacionaremos os conceitos sobre vetores, como o de dependência linear, para auxiliar na classificação de intersecções e posições relativas.

4.1 Equações da reta e do plano

Já vimos a representação geométrica de retas e planos. Vamos relacionar a geometria com a álgebra e, assim, construir as equações da reta e do plano.

4.1.1 Equações da reta

Seja A um ponto e $\vec{v}$ um vetor, vimos que a soma de ponto com vetor resulta em outro ponto.

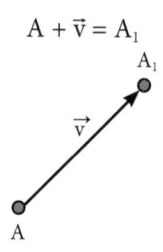

$$A + \vec{v} = A_1$$

Podemos somar ao ponto A múltiplos de $\vec{v}$: $X = A + \lambda\vec{v}$, sendo λ um número real. Para cada número real λ, temos um ponto X; percorrendo todos os reais, vamos ter infinitos pontos, formando, assim, uma reta.

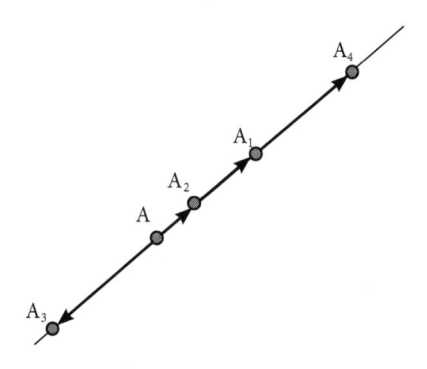

A equação $X = A + \lambda\vec{v}$ chama-se **equação vetorial da reta** e $\vec{v}$ é um **vetor diretor da reta**.

Considerando-se um sistema de coordenadas, tal que nele $\vec{u} = (a, b, c)$, $X = (x, y, z)$ e $A = (x_1, y_1, z_1)$, a equação da reta $r: X = A + \lambda \vec{v}$ pode ser escrita como:

$$(x, y, z) = (x_1, y_1, z_1) + \lambda(a, b, c)$$
$$(x, y, z) = (x_1 + \lambda a, y_1 + \lambda b, z_1 + \lambda c)$$

$$\begin{cases} x = x_1 + \lambda a \\ y = y_1 + \lambda b \\ z = z_1 + \lambda c \end{cases}$$

Chamamos o sistema de **sistema de equações paramétricas da reta r**.

Observe que o parâmetro λ aparece nas três equações, se $a \neq 0$, $b \neq 0$ e $c \neq 0$. Podemos escrevê-lo assim:

$$\lambda = \frac{x - x_1}{a} = \frac{y - y_1}{b} = \frac{z - z_1}{c}$$

Chamamos a equação de **equação da reta na forma simétrica**.

Em física, podemos ver a equação vetorial da reta $X = A + t\vec{v}$ como sendo o movimento descrito por uma partícula sobre a reta, sendo que t representa o tempo, $\vec{v}$ a velocidade e A a posição no tempo $t = 0$. Para cada tempo t, temos uma posição X para a partícula; valores de t negativos representam o tempo no passado.

Exemplo 1

Se $\vec{u}$ e $\vec{v}$ são paralelos, vimos que existe um número real μ tal que $\vec{u} = \mu\vec{v}$. Considere as retas $r: X = A + \lambda\vec{u}$ e $s: X = A + \gamma\vec{v}$, sendo que as retas r e s são coincidentes, pois $r: X = A + \lambda\vec{u} = A + \lambda(\mu\vec{v}) = A + \beta\vec{v}$.

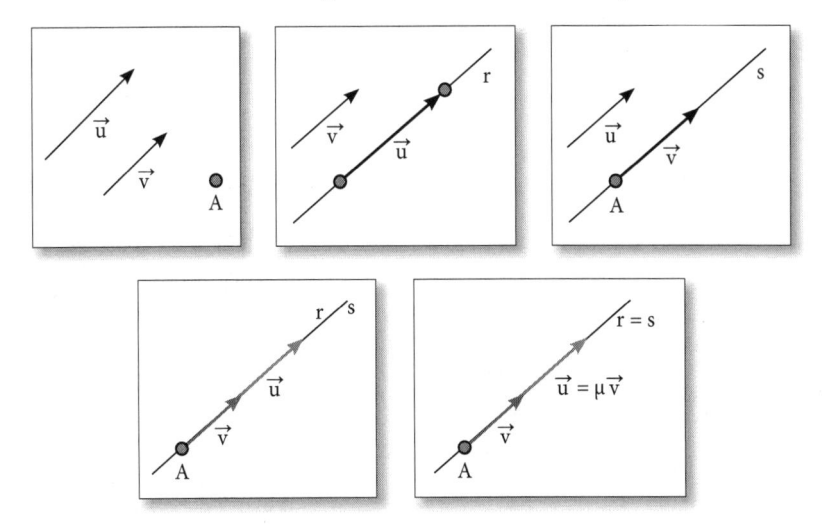

Exercício resolvido 1

Considere A = (1, 2, 1) e B = (–2, 3, 5). Sabemos que dois pontos determinam uma única reta. Vamos, então, escrever as equações da reta $r = \overrightarrow{AB}$ nas formas vetorial, paramétrica e simétrica.

O vetor $\overrightarrow{AB}$ = B – A = (–2, 3, 5) – (1, 2, 1) = (–3, 1, 4) é um vetor diretor da reta *r*.

Equação na forma vetorial:

$$X = A + \lambda \overrightarrow{AB}, \text{ ou seja, } (x, y, z) = (1, 2, 1) + \lambda(-3, 1, 4)$$

Note que poderíamos ter escolhido o ponto B ($X = B + \lambda \overrightarrow{AB}$), assim como poderíamos ter escolhido qualquer vetor múltiplo de $\overrightarrow{AB}$.

Sistema de equações paramétricas:

$$\begin{cases} x = 1 - 3\lambda \\ y = 2 + \lambda \\ z = 1 + 4\lambda \end{cases}$$

Equação na forma simétrica:

$$\frac{-x+1}{3} = \frac{y-2}{1} = \frac{z-1}{4}$$

Exemplo 2

Considerando a reta $r: (x, y, z) = (-1, 4, 2) + \lambda(3, -2, 5)$, vamos determinar se os pontos P = (5, 0, 12) e Q = (2, 1, 7) pertencem à reta *r* e também outros dois vetores diretores de *r* diferentes de $\vec{v} = (3, -2, 5)$.

Para que os pontos pertençam à reta *r*, é preciso que eles satisfaçam a equação. Para isso, é preciso verificar se existe um número real λ que satisfaça a equação da reta.

Para o ponto P = (5, 0, 12):

$$(5, 0, 12) = (-1, 4, 2) + \lambda(3, -2, 5)$$
$$(5, 0, 12) = (-1 + 3\lambda, 4 - 2\lambda, 2 + 5\lambda)$$

$$\begin{cases} -1 + 3\lambda = 5 \\ 4 - 2\lambda = 0 \\ 2 + 5\lambda = 12 \end{cases}$$

Resolvendo o sistema, temos que $\lambda = 2$; logo, P pertence à reta r.

Para o ponto Q = (2, 1, 7):

$$(2, 1, 7) = (-1, 4, 2) + \lambda(3, -2, 5)$$
$$(2, 1, 7) = (-1 + 3\lambda, 4 - 2\lambda, 2 + 5\lambda)$$
$$\begin{cases} -1 + 3\lambda = 2 \\ 4 - 2\lambda = 1 \\ 2 + 5\lambda = 7 \end{cases}$$

Não conseguimos encontrar um valor para λ que satisfaça as três equações; logo, Q não pertence à reta r.

Qualquer vetor paralelo a $\vec{v}$ é também um vetor diretor de r; assim, para determinar outros dois vetores diretores de r, basta escolher múltiplos de $\vec{v} = (3, -2, 5)$: $\vec{u} = 2\vec{v} = (6, -4, 10)$ e $\vec{w} = -\vec{v} = (-3, 2, -5)$. Portanto, $\vec{u}$ e $\vec{w}$ também são vetores diretores de r.

4.1.2 Equações do plano

Vimos que o conjunto ($\vec{u}$, $\vec{v}$) é linearmente independente (LI) quando seus vetores estão em um mesmo plano, que chamaremos de π. Agora, vamos descrever os pontos desse plano em função de tais vetores. Considere um ponto A, conhecido, desse plano. Seja o vetor $\overrightarrow{AX}$ tal que X é um ponto qualquer do plano, então ele é paralelo a π. Temos que os vetores $\vec{u}$, $\vec{v}$ e $\overrightarrow{AX}$ são paralelos a π, uma vez que ($\vec{u}$, $\vec{v}$) é LI, então $\overrightarrow{AX}$ pode ser escrito como combinação linear de $\vec{u}$, $\vec{v}$; dessa maneira, $\overrightarrow{AX} = \alpha\vec{u} + \beta\vec{v}$, ou podemos escrever $X = A + \alpha\vec{u} + \beta\vec{v}$. Essa é a **equação vetorial do plano**.

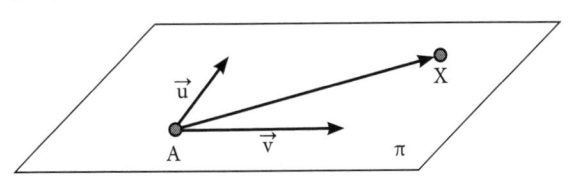

Considerando um sistema de coordenadas em que X = (x, y, z), $\vec{u} = (m, n, p)$ e $\vec{v} = (r, s, t)$, temos:

$$X = A + \alpha\vec{u} + \beta\vec{v}$$
$$(x, y, z) = (x_1, y_1, z_1) + \alpha(m, n, p) + \beta(r, s, t)$$

$(x, y, z) = (x_1 + \alpha m + \beta r, y_1 + \alpha n + \beta s, z_1 + \alpha p + \beta t)$

Escrevendo como sistema, temos:

$$\begin{cases} x = x_1 + \alpha m + \beta r \\ y = y_1 + \alpha n + \beta s \\ t = t_1 + \alpha p + \beta t \end{cases}$$

Chamamos esse sistema de **sistema de equações paramétricas do plano**.

Vimos que os vetores $\vec{u}$, $\vec{v}$ e $\overrightarrow{AX}$ são paralelos ao plano π, então o conjunto ($\vec{u}, \vec{v}, \overrightarrow{AX}$) é linearmente dependente (LD). Temos, portanto:

$$\begin{vmatrix} x - x_1 & y - y_1 & z - z_1 \\ m & n & p \\ r & s & t \end{vmatrix} = 0$$

Desenvolvendo o determinante, temos:

$(nt - sp)x + (pr - mt)y + (ms - rn)z +$
$+ (sp - nt)x_1 + (mt - pr)y_1 + (rn - ms)z_1 = 0$

As variáveis são somente as coordenadas do ponto $X = (x, y, z)$; os demais termos são conhecidos, resultando em:

$nt - sp = a$
$pr - mt = b$
$ms - rn = c$
$(sp - nt)x_1 + (mt - pr)y_1 + (rn - ms)z_1 = d$

Reescrevendo, temos: $ax + by + cz + d = 0$. Essa equação é chamada de **equação geral do plano**.

Considerando o ponto $A = (x_1, y_1, z_1)$, o plano $\pi: ax + by + c + d = = 0$ e um vetor $\vec{u} = (m, n, p)$, sendo o ponto A pertencente ao plano π, temos:

$ax_1 + by_1 + cz_1 + d = 0$

Vamos ver sob quais condições o vetor $\vec{u}$ é paralelo ao plano π. Consideremos $B = A + \vec{u} = (x_1 + m, y_1 + n, z_1 + p)$.

ū paralelo a π   ū não paralelo a π

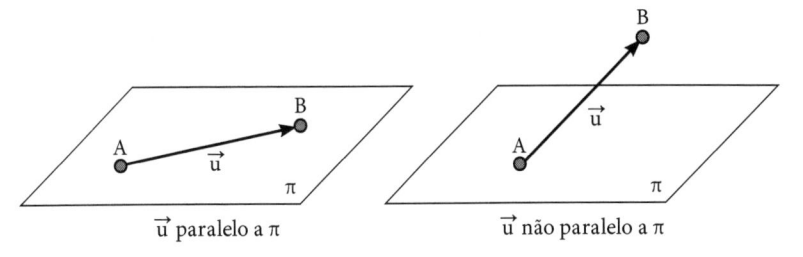

Para que ū seja paralelo ao plano, então o ponto B deve pertencer ao plano. Portanto:

$$a(x_1 + m) + b(y_1 + n) + c(z_1 + p) + d = 0$$
$$ax_1 + am + by_1 + bn + cz_1 + cp + d = 0$$
$$am + bn + cp + d + ax_1 + by_1 + cz_1 = 0$$

Como A pertence ao plano, temos

$$ax_1 + by_1 + cz_1 = 0$$

Dessa maneira, podemos escrever a propriedade a seguir.

Propriedade: Considere o plano $\pi: ax + by + cz + d = 0$ e um vetor $\vec{u} = (m, n, p)$. Então, $\vec{u}$ será paralelo ao plano π se, e somente se, $am + bn + cp = 0$.

Exemplo 3

Dados os pontos $A = (2, 1, 0)$, $B = (3, -1, 1)$ e $C = (1, 0, 2)$, vamos obter as equações vetorial, paramétrica e geral do plano π que contém os pontos A, B e C.

Primeiramente, para determinarmos um plano, os pontos A, B e C não podem ser colineares. Em termos de vetores, temos que $(\overrightarrow{AB}, \overrightarrow{AC})$ é LI.

Vamos determinar os vetores $\overrightarrow{AB}$ e $\overrightarrow{AC}$:

$$\overrightarrow{AB} = B - a = (3, -1, 1) - (2, 1, 0) = (1, -2, 1)$$
$$\overrightarrow{AC} = C - A = (1, 0, 2) - (2, 1, 0) = (-1, -1, 2)$$

Como os vetores $\vec{AB}$ e $\vec{AC}$ não são proporcionais, então ($\vec{AB}$, $\vec{AC}$) é LI; logo, eles são vetores diretores do plano π.

Equação vetorial:

$$\pi : (x, y, z) = (2, 1, 0) + \alpha(1, -2, 1) + \beta(-1, -1, 2)$$

Equações paramétricas:

$$\pi = \begin{cases} x = 2 + \alpha - \beta \\ y = 1 - 2\alpha - \beta \\ z = \alpha + 2\beta \end{cases}$$

Equação geral:

$$\begin{vmatrix} x-2 & y-1 & z \\ 1 & -2 & 1 \\ -1 & -1 & 2 \end{vmatrix} = 0$$

Resolvendo, temos $\pi : -3x - 3y - 3z + 9 = 0$.

Exercício resolvido 2

Obtenha a equação vetorial do plano π que contém o ponto $A = (2, 1, -2)$ e é paralelo ao plano $\pi_1 = \begin{cases} x = 3\lambda + 2\mu \\ y = -1 + 2\lambda + \mu \\ z = -\lambda \end{cases}$.

Como os planos são paralelos, eles têm os mesmos vetores diretores; logo, os vetores diretores de π são (3, 2, -1) e (2, 1, 0). Portanto, a equação do plano é:

$$\pi : X = A + \alpha(3, 2, -1) + \beta(2, 1, 0) =$$
$$(2, 1, -2) + \alpha(3, 2, -1) + \beta(2, 1, 0)$$

Exemplo 4

Dada a equação geral $\pi : x + 2y - 4z + 5 = 0$, vamos obter as equações paramétricas do plano π.

Isolando x na equação geral, temos $x = -2y + 4z - 5$; utilizando y e z como parâmetros, temos as equações paramétricas:

$$\begin{cases} x = -5 - 2\alpha + 4\beta \\ y = \alpha \\ z = \beta \end{cases}$$

4.2 Intersecção de retas e planos

Sabendo as equações da reta e do plano, vamos, com o auxílio da representação geométrica, estudar, interpretar e resolver algebricamente as intersecções entre retas, entre retas e planos e entre planos. Conhecer os aspectos geométricos e relacioná-los com o uso de vetores é o ponto-chave para compreendermos os conteúdos relativos à intersecção.

4.2.1 Intersecção entre retas

Sejam duas retas r e s quaisquer, em relação à intersecção entre elas, podemos ter as seguintes situações, que se referem a igualar as equações das retas e a resolver o sistema de equações obtido:

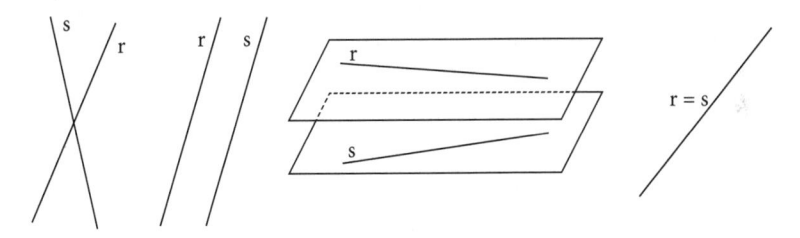

- Se o sistema tem uma única solução, a intersecção entre r e s é um ponto, ou seja, $r \cap s = \{P\}$.

- Se o sistema não tem solução, r e s não têm intersecção, ou seja, $r \cap s = \varnothing$.

- Se o sistema tem infinitas soluções, r e s têm infinitos pontos de intersecção, ou seja, $r \cap s = r$.

Exemplo 5

Para mostrar que as retas $r: X = (1, 5, 3) + \alpha(6, -2, 7)$ e $s: X = (8, 2, -1) + \alpha(5, -1, 18)$ são concorrentes, vamos determinar o ponto comum. Para isso, vamos igualar as equações das retas, mudando o nome do parâmetro da reta s, pois os parâmetros são diferentes:

$$r: X = (1 + 6\alpha, 5 - 2\alpha, 3 + 7\alpha)$$
$$s: X = (8 + 5\beta, 2 - \beta, -1 + 18\beta)$$
$$(1 + 6\alpha, 5 - 2\alpha, 3 + 7\alpha) = (8 + 5\beta, 2 - \beta, -1 + 18\beta)$$
$$1 + 6\alpha = 8 + 5\beta$$
$$3 + 7\alpha = -1 + 18\beta$$

Resolvendo, temos $\alpha = 2$ e $\beta = 1$. Escolhendo $\alpha = 2$ e substituindo na equação de r, temos o ponto de intersecção $P = (13, 1, 17)$. Poderíamos substituir o valor de β na equação de s e obteríamos o mesmo ponto.

4.2.2 INTERSECÇÃO ENTRE RETA E PLANO

Vamos considerar uma reta r e um plano π quaisquer. Para analisarmos a intersecção, verificamos as soluções do sistema de equações formado quando igualamos as equações da reta e do plano:

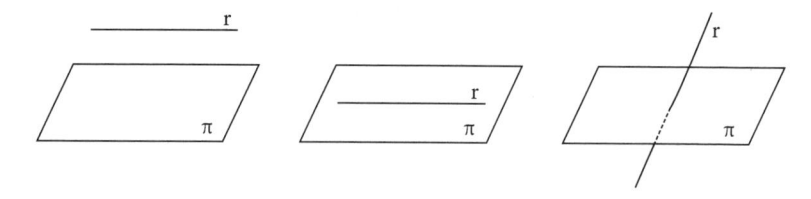

- Se o sistema não tem solução, a intersecção é vazia, ou seja, $r \cap \pi = \emptyset$.
- Se o sistema tem infinitas soluções, a intersecção tem infinitos pontos, ou seja, $r \cap \pi = r$.
- Se o sistema tem uma única solução, a intersecção é um único ponto P, ou seja, $r \cap \pi = \{P\}$.

Exemplo 6

Considerando a reta $r: X = (3, 1, 4) + \alpha(-1, 1, -1)$ e o plano $\pi: X =$ = $(1, 0, 1) + \alpha(2, -3, 1) + \beta(0, 2, 1)$, vamos determinar o ponto de intersecção da reta com o plano.

Vamos alterar o nome do parâmetro da reta r de α para λ para não confundir com o parâmetro do plano. Temos, portanto, as seguintes equações:

$$r: X = (3 - \lambda, 1 + \lambda, 4 - \lambda)$$
$$\pi: X = (1 + 2\alpha, -3\alpha + 2\beta, 1 + \alpha + \beta)$$

Igualando as equações, temos:

$$\begin{cases} 3 - \lambda = 1 + 2\alpha \\ 1 + \lambda = -3\alpha + 2\beta \\ 4 - \lambda = 1 + \alpha + \beta \end{cases}$$

Resolvendo o sistema, temos $\alpha = 1$, $\beta = 2$ e $\lambda = 0$; substituindo $\lambda = 0$ na equação da reta r, temos o ponto $P = (3, 1, 4)$.

4.2.3 Intersecção entre planos

Considerando-se os planos π_1 e π_2 quaisquer, para analisarmos a intersecção, verificamos as soluções do sistema de equações formado quando igualamos as equações dos planos:

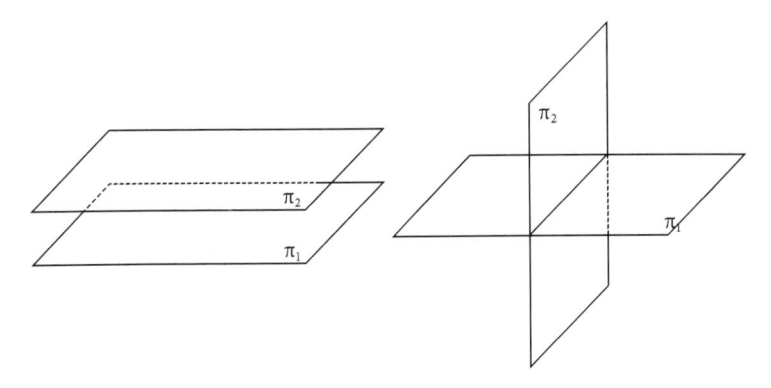

- Se o sistema não tem solução, a intersecção pode ser vazia, ou seja, $\pi_1 \cap \pi_2 = \emptyset$.
- Se o sistema tem infinitas soluções, a intersecção tem infinitos pontos, a reta r, ou seja, $\pi_1 \cap \pi_2 = r$.

Exemplo 7

Para encontrarmos a posição relativa dos planos $\pi_1: 2x - z + 6 = 0$ e $\pi_2: 6x + 9y + 3z + 8 = 0$, vamos resolver o sistema formado pelas equações dos planos. Primeiramente, vamos isolar x na equação do plano π_1, substituir na equação de π_2 e isolar z:

$$x = -3 + \frac{z}{2}$$
$$6\left(-3 + \frac{z}{2}\right) + 9 + 3y + 8 = 0$$
$$z = \frac{5}{3} - \frac{3}{2}y$$

Substituindo a última equação na primeira, temos:

$$x = -\frac{13}{6} - \frac{3}{4}y$$

Utilizando y como parâmetro, temos que a intersecção é a reta:

$$\begin{cases} x = -\frac{13}{6} - \frac{3}{4}\alpha \\ y = \alpha \\ z = \frac{5}{3} - \frac{3}{2}\alpha \end{cases}$$

4.2.4 Equação da reta na forma planar

A intersecção de dois planos pode ser uma reta, então vamos descrever um novo tipo de equação da reta utilizando planos transversais. Sejam os planos $\pi_1: a_1x + b_1y + c_1z + d_1 = 0$ e $\pi_2: a_2x + b_2y + c_2z + d_2 = 0$ transversais, então a_1, b_1, c_1 e a_2, b_2, c_2 não são proporcionais; portanto, o sistema de equações é:

$$\begin{cases} a_1x + b_1y + c_1z + d_1 = 0 \\ a_2x + b_2y + c_2z + d_2 = 0 \end{cases}$$

Chamamos esse sistema que descreve a reta *r* como intersecção dos planos de **equação da reta *r* na forma planar**.

Exemplo 8

Vamos obter a equação da reta *r* na forma planar, considerando $r: X = (2, 0, -1) + \alpha(5, 1, -2)$.

Temos:
$$r: \begin{cases} x = 2 + 5\alpha \\ y = \alpha \\ z = -1 - 2\alpha \end{cases}$$

Considerando $y = \alpha$ e fazendo a substituição nas outras duas equações, temos:
$$\begin{cases} x = 2 + 5y \\ z = -1 - 2y \end{cases}$$

Então, a equação de *r* na forma planar é:
$$\begin{cases} x - 5y - 2 = 0 \\ 2y + z + 1 = 0 \end{cases}$$

Exemplo 9

Vamos obter a equação da reta *r* na forma de equações paramétricas, considerando $r: \begin{cases} x - 2y - 1 = 0 \\ -5y + z - 3 = 0 \end{cases}$.

Da primeira equação temos $x = 2y + 1$; da segunda, $z = 5y + 3$. Tomando, então, *y* como parâmetro, temos:
$$r: \begin{cases} x = 1 + 2\alpha \\ y = \alpha \\ z = 5\alpha + 3 \end{cases}$$

4.3 Posição relativa de retas e planos

A geometria e suas propriedades são a base para compreendermos em termos de vetores a posição relativa de retas, planos e entre reta e plano. Vamos descrever esses conceitos geométricos em termos de vetores e suas propriedades e relacioná-los com a dependência e a independência linear.

4.3.1 Posição relativa de retas

As figuras a seguir representam as possibilidades quanto à posição relativa entre duas retas:

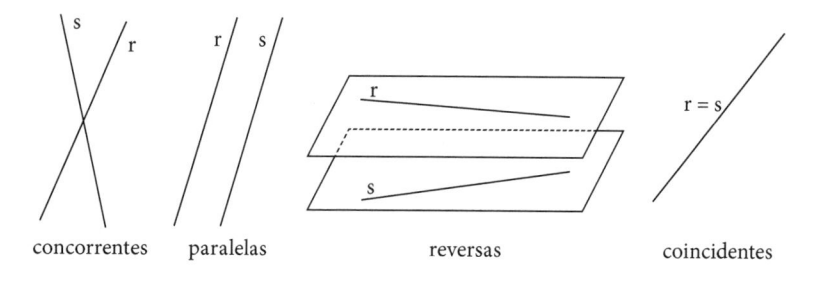

concorrentes   paralelas   reversas   coincidentes

Dadas as retas r e s, $\vec{r}$ e $\vec{s}$ vetores diretores de r e s, respectivamente, A um ponto qualquer de r e B um ponto qualquer de s, então podemos descrever a posição relativa das retas r e s da seguinte forma:

- As retas r e s são paralelas distintas se $\vec{r}$ e $\vec{s}$ são paralelos, isto é, $(\vec{r}, \vec{s})$ é LD e qualquer ponto A de r não pertence a s.

- As retas r e s são coincidentes (iguais, paralelas iguais) se $\vec{r}$ e $\vec{s}$ são paralelos, isto é, $(\vec{r}, \vec{s})$ é LD e qualquer ponto A de r pertence a s.

- As retas r e s são reversas, isto é, $(\vec{r}, \vec{s}, \overrightarrow{AB})$ é LI, então $A \in r$ e $B \in s$:

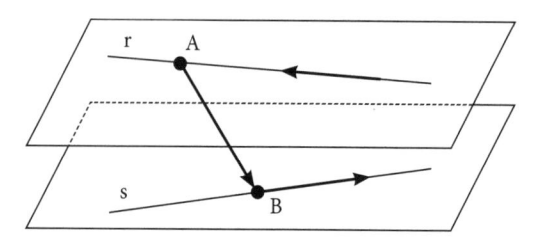

Geometria Analítica

- As retas r e s são concorrentes se $(\vec{r},\vec{s})$ é LI e $(\vec{r},\vec{s}, \overrightarrow{AB})$ é LD, ou seja, são coplanares e não são paralelas:

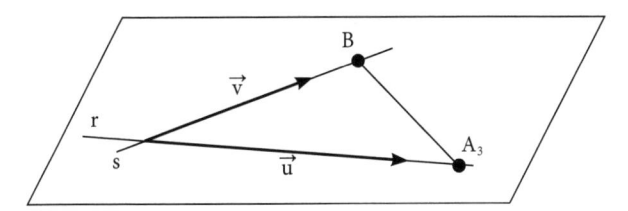

Observação: Analisando os vetores diretores $\vec{r}$ e $\vec{s}$ das retas r e s, podemos concluir:

- $(\vec{r},\vec{s})$ é LD, então as retas r e s são paralelas distintas ou coincidentes. Para concluir, se qualquer ponto A de r pertencer à reta s, elas serão coincidentes, caso contrário, serão paralelas.

- $(\vec{r},\vec{s})$ é LI, então as retas r e s são reversas ou concorrentes. Para verificar, considere A um ponto qualquer de r e B um ponto qualquer de s. Se $(\vec{r},\vec{s}, \overrightarrow{AB})$ for LD, as retas serão concorrentes; se $(\vec{r},\vec{s}, \overrightarrow{AB})$ for LI, as retas serão reversas.

Exemplo 10

Considerando as retas $r: X = (1, 2, 0) + \lambda(2, -1, 4)$ e $s: X = (3, 0, 1) + \lambda(6, 3, -12)$, vamos determinar a posição relativa das retas r e s.

Os vetores diretores de r e s são, respectivamente, $\vec{r} = (2, -1, 4)$ e $\vec{s} = (-6, 3, -12)$. Eles são paralelos, pois $\vec{s} = -3\,\vec{r}$; logo, as retas são paralelas distintas ou coincidentes. Agora, vamos verificar se qualquer ponto de r pertence a s. Para isso, escolhemos o ponto A = (1, 2, 0) pertencente a r e vamos verificar se pertence ou não a s:

$$(1, 2, 0) = (3, 0, 1) + \lambda(6, 3, -12)$$

$$\begin{cases} 1 = 3 + 3\lambda \\ 2 = 3\lambda \\ 0 = 1 - 12\lambda \end{cases}$$

Não existe um valor para λ que satisfaça as três equações, logo r e s não se interceptam; portanto, são paralelas distintas.

4.3.2 Posição relativa de retas e planos

Considerando uma reta r e seu vetor diretor $\vec{r} = (m, n, p)$ e um plano $\pi: ax + by + cz + d = 0$, podemos ter as seguintes situações:

- A reta r e o plano π são paralelos, logo $\vec{r}$ deve ser paralelo a π, isto é, $ma + nb + pc = 0$ e qualquer ponto A de r não pertence ao plano π.

- A reta r e o plano π são transversais, logo $\vec{r}$ não é paralelo a π, isto é, $ma + nb + pc \neq 0$.

- A reta r está contida no plano π, logo $\vec{r}$ deve ser paralelo a π, isto é, $ma + nb + pc = 0$ e qualquer ponto A de r pertence ao plano π.

Vamos determinar as posições relativas utilizando os vetores diretores do plano. Considerando $\vec{u}$ e $\vec{v}$ vetores diretores do plano π e $\vec{r}$ vetor diretor da reta r, temos:

- A reta r está contida no plano, portanto $(\vec{r}, \vec{u}, \vec{v})$ é LD e qualquer ponto A de r pertence ao plano π.

- A reta r e o plano π são transversais, logo $(\vec{r}, \vec{u}, \vec{v})$ é LI.

- A reta r e o plano π são paralelos, portanto $(\vec{r}, \vec{u}, \vec{v})$ é LD e qualquer ponto A de r não pertence ao plano π.

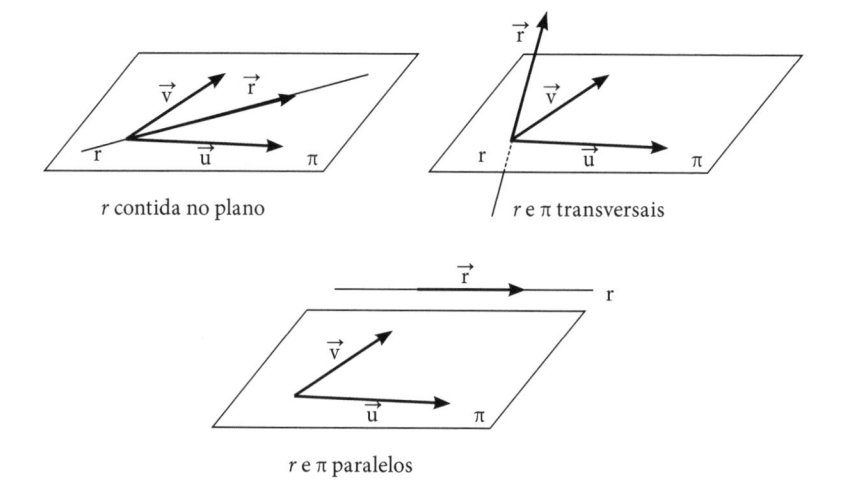

r contida no plano

r e π transversais

r e π paralelos

Exemplo 11

Considerando a reta $r: X = (-2, -1, 1) + \alpha(3, 5, 1)$ e o plano $\pi: x - y + 2z + 3 = 0$, vamos determinar a posição relativa de r e π. Como $(1, -1, 2) \cdot (3, 5, 1) = 0$, então r é paralela ou está contida em π. Considerando o ponto A $(-2, -1, 1)$ da reta r, vamos verificar se A pertence ou não ao plano. Substituindo as coordenadas do ponto na equação do plano, temos $-2 + 1 + 2 + 3 \neq 0$, logo A não pertence ao plano dado; portanto, r e π são paralelos.

4.3.3 Posição relativa de planos

Considerando os planos $\pi_1: a_1x + b_1y + c_1z + d_1 = 0$ e $\pi_2: a_2x + b_2y + c_2z + d_2 = 0$, podemos ter as seguintes situações:

- Os planos π_1 e π_2 são paralelos distintos, isto é, não têm intersecção, então a_1, b_1, c_1 e a_2, b_2, c_2 são proporcionais e d_1 e d_2 não estão nessa proporção.

- Os planos π_1 e π_2 são coincidentes, isto é, são iguais na intersecção, então a_1, b_1, c_1, d_1 e a_2, b_2, c_2, d_2 são proporcionais.

- Os planos π_1 e π_2 são transversais, isto é, a intersecção é uma reta, então a_1, b_1, c_1 e a_2, b_2, c_2 não são proporcionais.

Exemplo 12

Considerando os planos $\pi_1: 2x + 3y - z + 6 = 0$, $\pi_2: -4x - 6y + 2z - 12 = 0$, $\pi_3: 8x + 12y \; 0 \; 4z + 3 = 0$ e $\pi_4: 6x + 9y + 3z + 8 = 0$, vamos determinar a posição relativa de:

a. π_1 e π_2

Os valores $-4, -6, 2$ e -12 são proporcionais aos valores $2, 3, -1$ e 6, logo os planos são iguais.

b. π_1 e π_3

Os valores $-8, 12$ e -4 são proporcionais aos valores $2, 3$ e -1, logo os planos são paralelos distintos.

c. π_1 e π_4

Os valores 6, 9, 3 e 2, 3, −1 não são proporcionais, logo os planos são transversais.

4.4 Perpendicularidade e ortogonalidade

Vamos considerar um sistema de coordenadas com base ortonormal. Dadas as retas *r* e *s* e seus vetores diretores $\vec{r}$ e $\vec{s}$, dizemos que *r* e *s* são ortogonais se $\vec{r}$ e $\vec{s}$ são ortogonais; nesse caso, as retas podem ser concorrentes ou reversas. Igualmente, dizemos que *r* e *s* são perpendiculares se $\vec{r}$ e $\vec{s}$ são ortogonais; nesse caso, as retas *r* e *s* são concorrentes.

Definição: Seja um plano π, dizemos que qualquer vetor não nulo ortogonal a π é um vetor normal a π.

Quando temos a equação vetorial do plano $\pi: X = A + \alpha\vec{u} + \beta\vec{v}$, o vetor normal ao plano é $\vec{n} = \vec{u} \wedge \vec{n}$.

Voltando à equação geral do plano $\pi: ax + by + cz + d = 0$, se considerarmos um sistema de coordenadas ortogonal, um vetor normal ao plano π é $\vec{n} = (a, b, c)$. Se, em um sistema de coordenadas ortogonal, $\vec{n} = (a, b, c)$ é um vetor normal ao plano π, a equação geral do plano é $\pi: ax + by + cz + d = 0$.

Agora, vamos considerar uma reta *r* e seu vetor diretor $\vec{r}$ e um plano π e seu vetor normal $\vec{n}$. Dizemos que *r* e π são perpendiculares se $\vec{r}$ e $\vec{n}$ são paralelos. Dizemos também que, para dois planos quaisquer π_1 e π_2, com vetores normais $\vec{n}_1$ e $\vec{n}_2$, respectivamente, temos que π_1 e π_2 são perpendiculares se $\vec{n}_1$ e $\vec{n}_2$ são ortogonais, ou seja, $\vec{n}_1 \cdot \vec{n}_2 = 0$.

Exemplo 13

Considerando $r: X = (1, 1, 1) + \lambda(1, -2, 1)$ e $s: X = (1, 2, 0) + \lambda(2, 3, m)$, vamos verificar se existe algum valor de *m* tal que *r* e *s* sejam ortogonais ou perpendiculares.

Para serem ortogonais, as retas r e s devem ter vetores diretores ortogonais, logo $(1, -2, 1)(2, 3, m) = 0$, então $m = 4$. Para serem perpendiculares, é preciso que os vetores diretores sejam ortogonais e elas sejam concorrentes, então $r \cap s = \emptyset$. Vimos que $m = 4$; substituindo na equação de s e fazendo a intersecção, temos as equações:

$$\begin{cases} 1 + \alpha = 1 + 2\beta \\ 1 - 2\alpha = 2 + 3\beta \\ 1 + \alpha = 4\beta \end{cases}$$

Não é possível encontrar um valor para α e β que satisfaça as três equações, logo a intersecção de r e s é vazia; portanto, não é possível serem perpendiculares.

Síntese

Neste capítulo, examinamos as equações vetorial, paramétrica, simétrica e planar da reta e as equações vetorial, paramétrica e geral do plano. Utilizando as propriedades de vetores, classificamos as intersecções e as posições relativas de retas e planos. Também tratamos de perpendicularidade e ortogonalidade de retas e planos.

Atividades de autoavaliação

1. Assinale a alternativa correta:

    a) Para que as retas r e s sejam coincidentes, basta que seus vetores diretores sejam paralelos.

    b) Se as retas r e s são concorrentes, seus vetores diretores não são paralelos.

    c) Se os vetores diretores de r e s não são paralelos, as retas são reversas.

    d) Se os vetores diretores de r e s são paralelos, as retas são paralelas distintas.

2. Assinale a alternativa **incorreta**:

   a) Se a reta r e o plano π são transversais, só existe um ponto em comum.

   b) Se dois planos têm intersecção não vazia, a intersecção é uma reta.

   c) Se uma reta é paralela a um plano, os vetores diretores da reta e do plano são paralelos.

   d) Se uma reta está contida em um plano, os vetores diretores da reta e do plano formam um conjunto LI.

3. Indique se as afirmações são verdadeiras (V) ou falsas (F):

   ( ) Se duas retas são ortogonais, então elas são concorrentes.

   ( ) Se a reta r é perpendicular ao plano π, então eles são transversais.

   ( ) Se os vetores diretores de duas retas são ortogonais, então as retas são perpendiculares.

   Assinale a alternativa que corresponde à sequência obtida:

   a) F, V, F.
   b) F, V, V.
   c) V, F, F.
   d) V, V, F.

4. Considerando as retas r e s, seus vetores diretores $\vec{r}$ e $\vec{s}$, respectivamente, e os pontos A de r e B de s, assinale a alternativa correta:

   a) Se $(\vec{r}, \vec{s})$ é LI, as retas r e s são concorrentes.

   b) Se $(\vec{r}, \vec{s}, \overrightarrow{AB})$ é LI, as retas r e s são reversas.

   c) Se $(\vec{r}, \vec{s})$ é LD, as retas r e s são paralelas distintas.

   d) Se $(\vec{r}, \vec{s}, \overrightarrow{AB})$ é LD, as retas são iguais.

5. Dadas as retas $r: X = (1, -1, -3) + \alpha(1, -3, -3)$ e $s: X = (1, 1, 1) + \beta(0, -1, -2)$, assinale a alternativa **incorreta**:

   a) $(1, -1, -3)$ é o ponto de intersecção entre r e s.

   b) $(2, -4, -6)$ é um ponto de r.

c) $((1, -3, -3), (0, -1, -2))$ é LI.

d) $(0, 2, 4)$ é um vetor diretor de r.

6. Sejam $r: X = (n, 2, 0) + \lambda(2, m, n)$ e $\pi: nx - 3y + z = 1$, indique se as proposições a seguir são verdadeiras (V) ou falsas (F):

( ) Se $m = 2$ e $n = 2$, as retas r e π são paralelas.

( ) Se $m \neq n$, r e π são transversais.

( ) Se $m = 1$ e $n = 1$, r está contida em π.

Assinale a alternativa que corresponde à sequência obtida:

a) V, V, V.

b) F, V, F.

c) V, V, F.

d) F, V, V.

7. Considere as informações dadas sobre as retas r, s e t:

$$r: X = (-1, 0, -1) + \alpha(m, 1, 1) \qquad s: \begin{cases} x = \beta \\ y = m\beta \\ z = \beta \end{cases} \qquad t: \frac{x-1}{2} = \frac{y+1}{-1} = z$$

( ) Para que as retas r e s sejam paralelas, m deve assumir o valor 1.

( ) Se $m = 3$, então r, s e t são paralelas a um mesmo plano.

( ) Não existe um valor de m para que as retas r e t sejam concorrentes.

( ) Se $m = 1$, então as retas s e t são coplanares.

( ) As retas r e s são reversas somente para $m \neq 0$.

Assinale a alternativa que corresponde à sequência obtida:

a) V, F, F, V, V.

b) V, F, F, F, F.

c) V, F, V, V, F.

d) V, V, F, F, V.

Atividades de aprendizagem

Questões para reflexão

1. Considerando, em relação a um sistema ortogonal, $A = (2, -1, 0)$, $B = (3, 6, 2)$ e $C = (5, 0, 1)$ vértices de um triângulo, escreva uma equação vetorial da reta que contenha a altura relativa ao vértice A.

2. É possível formar um triângulo com quaisquer três pontos? É possível escrever uma equação da reta que contenha a altura para um triângulo qualquer com vértices $A = (a_1, a_2, a_3)$, $B = (b_1, b_2, b_3)$ e $C = (c_1, c_2, c_3)$? Qual seria?

3. O triângulo ABC é retângulo em B e está contido em $\pi_1 : x + y + z = 1$. O cateto BC está contido em $\pi_2 : x - 2y - 2z = 0$, e a hipotenusa mede $2\sqrt{6}/3$. Sendo $A = (0, 1, 0)$, determine B e C (o sistema de coordenadas é ortogonal). Utilize o programa gráfico para representar essa situação. Descreva quais conteúdos são necessários para a solução do problema.

4. Como você descreveria a equação da reta e a equação do plano para um leigo? Quais exemplos de aplicação você daria para completar sua explicação sobre retas e planos?

Atividades aplicadas: prática

1. Um trem tem sua trajetória descrita pela equação $X = (4, 5, -6) + t(0, 4, 10)$ e $t \in \mathbb{R}$. Um segundo trem, também em movimento retilíneo uniforme, ocupa, no instante -1, a posição $P = (4, 11, 9)$ e, no instante 1, a posição $Q = (4, 15, 19)$.

    a) Verifique se as trajetórias são concorrentes e se há perigo de colisão.

    b) Qual é a equação do movimento do segundo trem?

2. Faça um esboço dos seguintes planos, considerando um sistema ortogonal:

   a) $y - 2 = 0$
   b) $x + y = 0$
   c) $x + y + z - 3 = 0$
   d) $y + 2z - 2 = 0$

3. Utilize o GeoGebra 3D para visualizar os planos dos itens do exercício anterior. Depois, elabore um plano de aula que envolva planos.

Utilizando distância e ângulos

Neste capítulo, analisaremos os conceitos de distância entre pontos, retas e planos e medida angular entre retas e planos. Para isso, utilizaremos vetores, projeção ortogonal e mais algumas propriedades vistas anteriormente. Trataremos também de mudança no sistema de coordenadas.

5.1 Medida angular

Para darmos continuidade aos estudos, precisamos compreender o que representa a medida angular. Sabemos representá-la geometricamente; agora, com os conhecimentos sobre vetores, vamos relacionar essa propriedade geométrica com a álgebra. Veremos a medida angular entre retas, entre reta e plano e entre planos. Determinaremos a medida angular com o auxílio do produto de vetores e identificaremos uma maneira de determinar os valores do cosseno e do seno.

5.1.1 Medida angular entre retas

Sejam as retas r e s como na figura a seguir e seus vetores diretores, respectivamente, $\vec{u}$ e $\vec{v}$, a medida angular entre os vetores é θ_1.

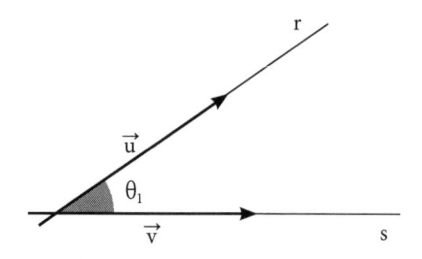

Podemos considerar também os vetores diretores $-\vec{u}$ e $\vec{v}$ das retas r e s respectivamente; nesse caso, a medida angular entre os vetores é θ_2.

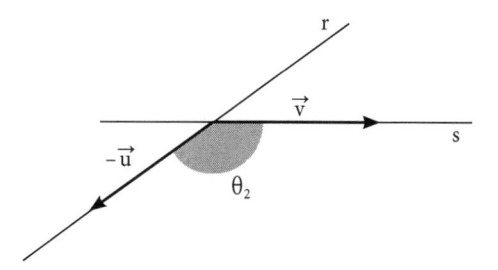

Observe que θ_1 e θ_2 são complementares, isto é, $\theta_1 + \theta_2 = 180°$ ou $\theta_1 + \theta_1 = \pi$ radianos. Vamos considerar a medida angular entre as retas r e s a medida angular entre os vetores diretores $\vec{u}$ e $\vec{v}$ se este estiver entre $[0, \pi/2]$. Caso não esteja, então será a medida entre os vetores $-\vec{u}$ e $\vec{v}$.

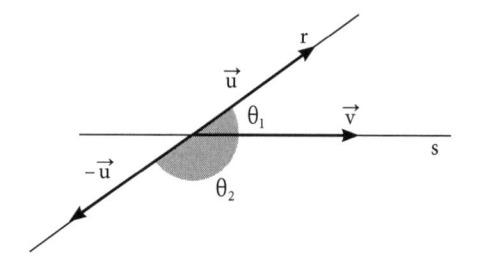

Como estamos considerando a medida angular θ entre retas um valor no intervalo $[0, \pi/2]$, podemos calcular essa medida com
$$\cos(\theta) = \frac{|\vec{u} \cdot \vec{v}|}{\|\vec{u}\| \, \|\vec{v}\|}.$$

Observe que, se as retas *r* e *s* são paralelas, a medida angular é nula, pois já vimos que elas têm o mesmo vetor diretor.

Exercício resolvido 1

Obtenha uma equação vetorial da reta *u* que contém o ponto P = (0, 2, 1) e forma ângulos congruentes com as retas $r: X = (0, 0, 0) + \lambda(1, 2, 2)$, $s: X = (1, 2, 3) + \lambda(0, 3, 0)$ e $t: X = (1, 2, 0) + \lambda(0, 0, 3)$.

Como a reta forma ângulos congruentes com as retas *r*, *s* e *t*, então θ é a medida angular entre *u* e *r*. Considerando o vetor diretor da reta *u* como sendo $\vec{u} = (a, b, c)$, temos:

$$\cos(\theta) = \frac{|\vec{u} \cdot \vec{r}|}{\|\vec{u}\|\|\vec{r}\|} = \frac{|\vec{u} \cdot \vec{s}|}{\|\vec{u}\|\|\vec{s}\|} = \frac{|\vec{u} \cdot \vec{t}|}{\|\vec{u}\|\|\vec{t}\|}$$

Substituindo $\vec{u} = (a, b, c)$, $\vec{r} = (1, 2, 2)$, $\vec{s} = (0, 3, 0)$ e $\vec{t} = (0, 0, 3)$, temos:

$$\cos(\theta) = \frac{|a + 2b + 2c|}{3} = \frac{|3b|}{3} = \frac{|3c|}{3}$$

Resolvendo, temos as seguintes opções para $\vec{u}$: (–b, b, b), (–3b, b, –b), (3b, b, –b) e (–7b, b, b) e podemos escolher qualquer valor para *b*. Então, as equações da reta *u* são:

$u: X = (0, 2, 1) + \alpha(-1, 1, 1)$

$u: X = (0, 2, 1) + \alpha(-3, 1, -1)$

$u: X = (0, 2, 1) + \alpha(3, 1, -1)$

$u: X = (0, 2, 1) + \alpha(-7, 1, 1)$

5.1.2 Medida angular entre reta e plano

Considerando-se uma reta *r* e um plano π, o vetor $\vec{r}$ é o vetor diretor da reta *r* e $\vec{n}$ é o vetor normal do plano π. Se $\vec{r} \cdot \vec{n} = 0$, a reta *r* está contida no plano π. Se a reta e o plano são transversais, a medida angular entre *r* e π é a medida angular entre os vetores $\vec{r}$ e $\vec{n}$. No caso particular em que $\vec{n}$ e $\vec{r}$ são paralelos, então a reta é perpendicular ao plano π, e a medida angular entre a reta e o plano é 90° ou π radianos.

Para calcularmos a medida angular entre a reta e o plano, vamos considerar a seguinte figura:

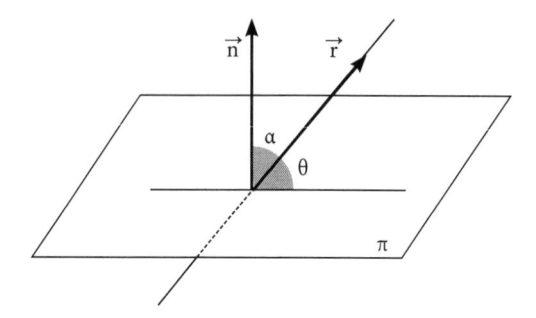

Temos, então, que a medida angular está no intervalo $[0, \pi/2]$:

$$\cos(\alpha) = \frac{|\vec{r} \cdot \vec{n}|}{\|\vec{r}\| \, \|\vec{n}\|} = \operatorname{sen}\left(\frac{\pi}{2} - \alpha\right) = \operatorname{sen}(\theta)$$

Exemplo 1

Vamos obter a medida angular em radianos entre a reta r e o plano π, sendo $r: X = (2, -1, 3) + \alpha(2, 1, 2)$ e $\pi: x + y + 3 = 0$.

Então temos:

$$\operatorname{sen}(\theta) = \frac{|(2, 1, 2) \cdot (1, 1, 0)|}{\|(2, 1, 2)\| \, \|(1, 1, 0)\|} = \frac{\sqrt{2}}{2}$$

Portanto, a medida angular $\theta = 45°$.

5.1.3 Medida angular entre planos

Considerando os planos π_1 e π_2, a medida angular entre eles é a medida angular entre quaisquer duas retas r_1 e r_2 perpendiculares a π_1 e π_2, respectivamente.

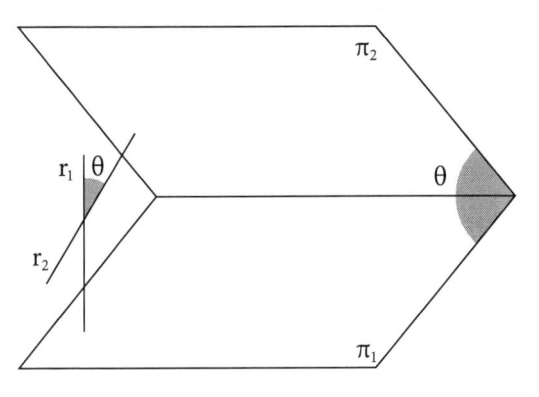

Observando a figura a seguir, que representa o perfil da figura anterior, temos:

$$\begin{cases} \alpha + \beta = 90° \\ \delta + \gamma = 90° \\ \alpha + \beta + \varphi = 180° \end{cases}$$

Então, $\theta = \alpha + \beta = \varphi$.

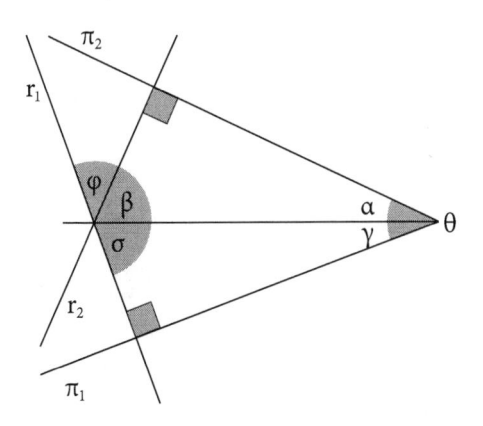

A medida angular θ entre os planos pode ser calculada por meio da igualdade:

$$\cos(\theta) = \frac{|\vec{n}_1 \cdot \vec{n}_2|}{\|\vec{n}_1\| \, \|\vec{n}_2\|}$$

Isso acontece porque os vetores normais $\vec{n}_1$ e $\vec{n}_2$ aos planos π_1 e π_2, respectivamente, são vetores diretores das retas r_1 e r_2.

Exemplo 2

Vamos calcular a medida angular entre os planos π_1 e π_2, sendo $\pi_1: x + 2y - z - 4 = 0$ e $\pi_2: -x + y - 1 = 0$. Temos que $\vec{n}_1 = (1, 2, -1)$ e $\vec{n}_2 = (-1, 1, 0)$, então:

$$\cos(\theta) = \frac{|\vec{n}_1 \cdot \vec{n}_2|}{\|\vec{n}_1\| \|\vec{n}_2\|} = \frac{|(1, 2, -1) \cdot (-1, 1, 0)|}{\|(1, 2, -1)\| \|(-1, 1, 0)\|} = \frac{1}{\sqrt{12}}$$

5.2 Distâncias

Para o desenvolvimento dos conceitos e das propriedades apresentados a seguir, estamos considerando bases ortonormais positivas. Vamos determinar, utilizando propriedades da geometria com a escrita em termos de vetores, métodos para encontrar a distância entre pontos, de ponto a reta, de ponto a plano, entre retas, de reta a plano e entre planos.

5.2.1 Distância entre pontos

A distância entre os pontos $A = (x_1, y_1, z_1)$ e $B = (x_2, y_2, z_2)$ é $d(A, B) = \sqrt{(x_2 - x_1)^2 + (y_2 - y_1)^2 + (z_2 - z_1)^2} = \|\overrightarrow{AB}\|$.

Exemplo 3

Vamos escrever a equação que descreve o ponto $P = (x, y, z)$, que equidista dos pontos $A = (1, 0, 1)$ e $B = (2, 1, 0)$.

Nesse caso, temos:

$$d(A, B) = d(B, P)$$

$$\sqrt{(x - 1)^2 + y^2 + (z - 1)^2} = \sqrt{(x - 2)^2 + (y - 1)^2 + z^2}$$

$$2x + 2y - 2z - 3 = 0$$

5.2.2 Distância entre ponto e reta

A distância entre um ponto P e uma reta r é a menor das distâncias entre P e r e está associada à perpendicularidade ou à projeção ortogonal. Se P pertence à reta r, a distância de P a r é d(P, r) = 0. Se P não pertence à reta r, vamos chamar de Q o pé da perpendicular a r que passa por P. Temos, então, que $\overrightarrow{PQ} \cdot \vec{r} = 0$ e d(P, r) = d(P, Q). Considere o triângulo ABP como na figura a seguir:

A área do triângulo é:

$$\frac{\|\overrightarrow{AP} \wedge \overrightarrow{AB}\|}{2} = \frac{\|\overrightarrow{AB}\| \cdot h}{2}$$

Temos que h é a altura do triângulo, então h = d(P, Q). Da equação anterior, isolando h, temos:

$$d(P, Q) = \frac{\|\overrightarrow{AP} \wedge \overrightarrow{AB}\|}{\|\overrightarrow{AB}\|}$$

Observe que escolhemos quaisquer pontos A e B da reta r, ou seja, a igualdade vale para quaisquer dois pontos distintos da reta r e $\overrightarrow{AB}$ é um vetor diretor de r, então podemos considerar qualquer vetor diretor $\vec{r}$ de r e escrever $d(P, r) = \frac{\|\overrightarrow{AP} \wedge \vec{r}\|}{\|\vec{r}\|}$.

Exercício resolvido 2

Dadas as retas $r: X = (1, 2, 3) + \alpha(2, 0, -1)$ e $s: X = (1, 0, 1) + \alpha(-1, 1, 1)$, obtenha os pontos da reta s que distam $\frac{28\sqrt{5}}{5}$ da reta r.

O ponto P da reta s é escrito da forma P = (1 − α, α, 1 + α). Para o cálculo da distância, precisamos de um ponto de r. Vamos tomar o ponto A = (1, 2, 3) de r e o vetor diretor de r como (2, 0, −1). Então:

$$d(P, r) = \frac{\|\overrightarrow{AP} \wedge \vec{r}\|}{\|\vec{r}\|}$$

$$\frac{28\sqrt{5}}{5} = \frac{\sqrt{(-\alpha + 2)^2 + (-4 + \alpha)^2 + (-2\alpha + 4)^2}}{\sqrt{5}}$$

Resolvendo, obtemos duas soluções $\alpha = 4$ e $\alpha = \frac{1}{3}$. Assim, os pontos de s para esses valores são: (−3, 4, 5) e $\left(\frac{2}{3}, \frac{1}{3}, \frac{4}{3}\right)$, que são os pontos que distam $\frac{28\sqrt{5}}{5}$ da reta r.

5.2.3 Distância entre ponto e plano

Considere um plano π. Se um ponto P pertence ao plano π, então d(P, π) = 0. Caso P não pertença ao plano π, como na figura, vamos considerar um ponto A pertencente ao plano. A distância de P ao plano π é o tamanho do vetor projeção ortogonal de $\overrightarrow{AP}$ sobre o vetor $\vec{n}$. Então:

$$d(P, \pi) = \|\operatorname{proj}_{\vec{n}}^{\overrightarrow{AP}}\| = \frac{|\overrightarrow{AP} \cdot \vec{r}|}{\|\vec{n}\|}$$

Em um sistema ortonormal, sendo as coordenadas de P = (x_0, y_0, z_0), A = (x, y, z) e $\vec{n}$ = (a, b, c), temos:

$$d(P, \pi) = \frac{|\overrightarrow{AP} \cdot \vec{r}|}{\|\vec{n}\|} = \frac{|(x - x_0, y - y_0, z - z_0)(a, b, c)|}{\sqrt{a^2 + b^2 + c^2}} =$$

$$= \frac{|ax - ax_0, by - by_0, cz - cz_0|}{\sqrt{a^2 + b^2 + c^2}}$$

Como o ponto A pertence ao plano, então A satisfaz a equação geral do plano, ou seja, $ax + by + cz + d = 0$, que pode ser escrito $ax + by + cz = -d$. Substituindo na equação da distância, temos:

$$d(P, \pi) = \frac{|-ax_0 - by_0 - cz_0 - d|}{\sqrt{a^2 + b^2 + c^2}} = \frac{|ax_0 + by_0 + cz_0 + d|}{\sqrt{a^2 + b^2 + c^2}}$$

Exemplo 4

Vamos calcular a distância do ponto P ao plano π, sendo $P = (2, 1, -3)$ e $\pi: 2x - y - 4z - 6 = 0$.

A distância será:

$$d(P, \pi) = \frac{|ax_0 + by_0 + cz_0 + d|}{\sqrt{a^2 + b^2 + c^2}} = \frac{|4 - 1 + 12 - 6|}{\sqrt{4 + 1 + 16}} = \frac{9}{\sqrt{21}}$$

5.2.4 Distância entre retas

Se as retas r e s são **concorrentes**, então $d(r, s) = 0$. Se as retas r e s são **paralelas**, a distância entre elas é a distância de um ponto qualquer P, de r, até s ou a distância de um ponto qualquer Q, de s, até r:

$$d(r, s) = d(P, s) = d(Q, r) = \frac{\|\overrightarrow{QP} \wedge \vec{r}\|}{\|\vec{r}\|} = \frac{\|\overrightarrow{PQ} \wedge \vec{s}\|}{\|\vec{s}\|}$$

Se as retas r e s são **reversas**, vamos considerar o plano π que contém a reta s; logo, r é paralela a π e um vetor normal ao plano π é $\vec{n} = \vec{r} \wedge \vec{s}$. Seja A um ponto de r e P um ponto de s, a distância entre as retas será:

$$d(r, s) = d(r, \pi) = \|\text{proj}_{\vec{n}}^{\overrightarrow{AP}}\| = \frac{|\overrightarrow{AP} \cdot \vec{n}|}{\|\vec{n}\|}$$

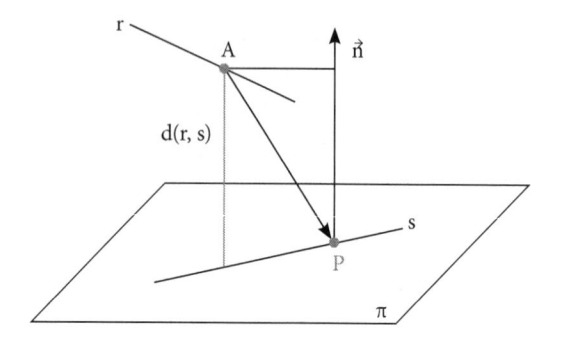

Exemplo 5

Vamos determinar a distância entre as retas $r: \dfrac{x+7}{-6} = \dfrac{y+4}{-8} = \dfrac{z+3}{4}$ e $s: X = (15, -1, 3) + \alpha\,(12, -8, -2)$.

Considere $A = (-7, -4, -3)$ um ponto de r e $B = (15, -1, 3)$ um ponto de s, $\overrightarrow{AB} = B - A = (22, 3, 6)$, $\vec{r} = (-6, -8, 4)$ o vetor diretor de r e $\vec{s} = (12, -8, -2)$ o vetor diretor de s. Vamos verificar que as retas são reversas. Para isso, vamos mostrar que $(\overrightarrow{AB}, \vec{r}, \vec{s})$ é linearmente independente (LI):

$$\begin{vmatrix} 22 & 3 & 6 \\ -6 & -8 & 4 \\ 12 & -8 & -2 \end{vmatrix} \neq 0$$

Como o determinante não é nulo, então $(\overrightarrow{AB}, \vec{r}, \vec{s})$ é LI. Logo, a distância entre as retas é $d(r, s) = \dfrac{|\overrightarrow{AB} \cdot (\vec{r} \wedge \vec{s})|}{\|\vec{r} \wedge \vec{s}\|} = \dfrac{|(22, 3, 6) \cdot (48, 36, 144)|}{\|156\|}$. Fazendo os cálculos, temos $d(r, s) = 13$.

5.2.5 Distância entre reta e plano

Se r está contida no plano π ou se r é transversal a π, então $d(r, \pi) = 0$.

Se r é paralela ao plano π, então $d(r, \pi) = d(P, \pi) = \dfrac{|\overrightarrow{AP} \wedge \vec{n}|}{\|\vec{n}\|}$, tal que P é um ponto qualquer da reta r, A é um ponto do plano e $\vec{n}$ é o vetor normal ao plano.

Exemplo 6

Vamos determinar a distância entre a reta $r: X = (4, 12, 7) + \alpha(2, 2, 0)$ e o plano $\pi: X = (2, 3, 9) + \gamma(1, 0, 0) + \delta(0, 1, 0)$. Para isso, vamos determinar se a reta é paralela ou transversal ao plano.

Considerando $\vec{r} = (1, 1, 1)$ o vetor diretor da reta r e os vetores $\vec{u} = (1, 0, 0)$ e $\vec{v} = (0, 1, 0)$ diretores do plano π, temos a matriz $\begin{vmatrix} 2 & 2 & 0 \\ 1 & 0 & 0 \\ 0 & 1 & 0 \end{vmatrix}$ com seu determinante zero, então ($\vec{r}, \vec{u}, \vec{v}$) é linearmente dependente (LD). Logo, a reta é paralela ao plano. Assim, $d(r, \pi) = d(P, \pi)$, tal que P é um ponto da reta r. Sejm $P = (4, 12, 7)$, ponto da reta r, e $A = (2, 3, 9)$, ponto do plano, temos:

$$d(P, \pi) = \frac{|\overrightarrow{AP} \cdot \vec{u} \wedge \vec{n}|}{\|\vec{u} \wedge \vec{v}\|} = \frac{|(2, 9, -2) \cdot (0, 0, 1)|}{1} = 2$$

5.2.6 Distância entre planos

Se os planos π_1 e π_2 são transversais, então $d(\pi_1 \text{ e } \pi_2) = 0$. Se os planos π_1 e π_2 são paralelos, então $d(\pi_1, \pi_2) = d(P, \pi_2) = d(Q, \pi_1)$, tal que P é um ponto qualquer de π_1 e Q é um ponto qualquer de π_2.

Exemplo 7

Dado o plano π determinado pelas retas $r: X = (1, 0, 7) + \alpha(0, 3, -1)$ e $s: X = (1, 3, 6) + \beta(2, 1, 0)$, vamos determinar as equações dos planos que distam $\sqrt{41}$ do plano π. Primeiramente, vamos determinar a equação vetorial do plano π. Como o plano é determinado pelas retas r e s, então os vetores diretores do plano são $(0, 3, -1)$ e $(2, 1, 0)$, e $A = (1, 0, 7)$ é um ponto do plano, logo $\pi: X = (1, 0, 7) + \gamma(0, 3, -1) + \delta(2, 1, 0)$. Agora, vamos encontrar as equações dos planos que distam $\sqrt{41}$ do plano π. Considerando um ponto $P = (a, b, c)$ desses planos, temos:

$$d(\pi_1, \pi) = d(P, \pi) = \frac{|\overrightarrow{AP} \cdot \vec{r} \wedge \vec{s}|}{\|\vec{r} \wedge \vec{s}\|} =$$

$$\frac{|(a-1, b, c-7) \cdot (0, 3, -1) \wedge (2, 1, 0)|}{\|(0, 3, -1) \wedge (2, 1, 0)\|} = \frac{|(a-1, b, c-7) \cdot (1, -2, -6)|}{\sqrt{41}} =$$

$$= \frac{|a - 1 - 2b - 6c + 42|}{\sqrt{41}} = \sqrt{41}$$

Temos, então, os planos $x - 2y - 6z = 0$ e $x - 2y - 6z + 82 = 0$.

5.3 Mudança no sistema de coordenadas

Anteriormente tratamos da matriz que faz a mudança de base. Depois vimos o sistema de coordenadas, que é formado por uma origem e uma base, e agora podemos então abordar a mudança do sistema de coordenadas.

Considere os sistemas de coordenadas $S_1 = (O_1, E)$ e $S_2 = (O_2, F)$, sendo as bases $E = (\vec{e}_1, \vec{e}_2, \vec{e}_3)$ e $F = (\vec{f}_1, \vec{f}_2, \vec{f}_3)$ e os vetores $\vec{f}_1 = (a_1, b_1, c_1)_E$, $\vec{f}_2 = (a_2, b_2, c_2)_E$ e $\vec{f}_3 = (a_3, b_3, c_3)_E$. A matriz de mudança de base é:

$$M_{EF} = \begin{bmatrix} a_1 & a_2 & a_3 \\ b_1 & b_2 & b_3 \\ c_1 & c_2 & c_3 \end{bmatrix}$$

Vamos considerar um ponto X tal que $X = (x, y, z)_{S_1}$ e $X = (u, v, w)_{S_2}$. Podemos escrever o vetor $\overrightarrow{O_2X}$ nas bases E e F. Considere $O_2 = (h, k, l)_{S_1}$, ou seja, o ponto O_2 na base E. Temos que $\overrightarrow{O_2X} = (u, v, w)_F = (x - h, y - k, z - l)_E$. Em termos de matrizes, escrevemos a igualdade $\overrightarrow{O_2X}$:

$$\begin{bmatrix} x-h \\ y-k \\ z-l \end{bmatrix}_E = \begin{bmatrix} a_1 & a_2 & a_3 \\ b_1 & b_2 & b_3 \\ c_1 & c_2 & c_3 \end{bmatrix}_{M_{EF}} \begin{bmatrix} u \\ v \\ w \end{bmatrix}_F$$

Em termos de sistema, temos:

$$\begin{cases} x = h + a_1 u + a_2 v + a_3 w \\ y = k + b_1 u + b_2 v + b_3 w \\ z = l + c_1 u + c_2 v + c_3 w \end{cases}$$

Agora, vamos ver dois casos particulares:

1. Quando as bases são iguais e as origens são diferentes, temos uma **translação** do sistema de coordenadas.

2. Quando as origens são iguais e as bases diferentes, temos uma **rotação**.

Considerando as bases $E = F = (\vec{e}_1, \vec{e}_2, \vec{e}_3)$ e origens diferentes, a matriz de mudança de base é a identidade. Então, temos:

$$\begin{bmatrix} x-h \\ y-k \\ z-l \end{bmatrix}_E = \begin{bmatrix} 1 & 0 & 0 \\ 0 & 1 & 0 \\ 0 & 0 & 1 \end{bmatrix}_{M_{EF}} \begin{bmatrix} u \\ v \\ w \end{bmatrix}_F$$

$$\begin{cases} x = h + u \\ y = k + v \\ z = l + w \end{cases}$$

As equações do sistema são chamadas de **equações de translação**.

O segundo caso particular ocorre quando E e F são bases ortonormais, ou seja, os sistemas são ortogonais e têm a mesma origem.

Figura 5.1 – Rotação de eixos

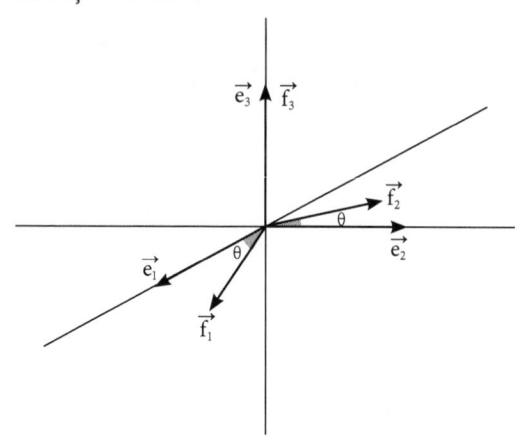

Observando a figura, temos que $\vec{f}_1 = (a_1, b_1, c_1)_E$, $\vec{f}_2 = (a_2, b_2, c_2)_E$ e $\vec{f}_3 = (a_3, b_3, c_3)_E$.

$$\begin{cases} \vec{f}_1 = (\cos(\theta), \operatorname{sen}(\theta), 0)_E \\ \vec{f}_2 = (-\operatorname{sen}(\theta), \cos(\theta), 0)_E \\ \vec{f}_3 = (0, 0, 1)_E \end{cases}$$

Temos, então:

$$\begin{bmatrix} x \\ y \\ z \end{bmatrix}_E = \begin{bmatrix} \cos(\theta) & -\operatorname{sen}(\theta) & 0 \\ \operatorname{sen}(\theta) & \cos(\theta) & 0 \\ 0 & 0 & 1 \end{bmatrix}_{M_{EF}} \begin{bmatrix} u \\ v \\ w \end{bmatrix}_F$$

$$\begin{cases} x = u\cos(\theta) - v\operatorname{sen}(\theta) \\ y = u\operatorname{sen}(\theta) + v\cos(\theta) \\ z = w \end{cases}$$

As equações do sistema são chamadas de **equações de rotação**.

Síntese

Com os conceitos geométricos e os demais aspectos tratados nos capítulos anteriores, como vetores, projeção ortogonal, produtos vetorial e escalar, definimos as distâncias entre pontos, de ponto a reta, de ponto a plano, entre retas, de reta a plano e entre planos, bem como a medida angular entre retas, reta e plano e entre planos.

Atividades de autoavaliação

1. Sejam os pontos A = (0, 0, 1), B = (5, 0, 2) e C = (3, 1, −3) em um sistema ortogonal, qual das afirmações a seguir é verdadeira?

    a) Os pontos são colineares.
    b) Os vetores $\vec{AB}$ e $\vec{BC}$ são perpendiculares.
    c) O ângulo formado pelos vetores $\vec{AB}$ e $\vec{BC}$ é obtuso.
    d) A distância de B até a reta definida pelos pontos A e C é $\dfrac{32}{\sqrt{26}}$.

2. Dada as retas r: X = (1, 2, 3) + α(0, 1, −3) e s: (5, 0, −1) + β(0, −2, 6), avalie as afirmações a seguir:

    I. As retas são paralelas.
    II. A distância entre elas é 10.
    III. A reta t: X = (1, 2, 3) + γ(−4, 3, 1) é uma perpendicular comum a r e a s.
    IV. O ponto P = (3, 7, −2) é equidistante das retas r e s.

    É(são) verdadeira(s) a(s) afirmação(ões):

    a) I, II, III.
    b) III e IV.
    c) III.
    d) I e II.

3. Sejam o ponto P = (1, 1, −1) e o plano π: x + z − 2 = 0, em um sistema ortogonal, assinale a alternativa correta:

   a) O ponto P dista 2 do plano π.
   b) O ponto A = (0, 3, 5) pertence ao plano π.
   c) A medida angular entre a reta r: X = (1, 5, 3) + α(2, 2, 1) e o plano π é de 45°.
   d) A reta s: X = (1, 1, −1) + α(1, 0, 1) é paralela ao plano.

4. Considerando os planos π_1: 2x + 2y + z = 9 e π_2: x − 3z = 0, podemos afirmar:

   a) A medida angular entre os planos π_2 e π_2 é arcos $\left(\dfrac{1}{\sqrt{10}}\right)$.
   b) Os planos são paralelos.
   c) A distância entre os planos é nula.
   d) A intersecção entre os planos é a reta r: X = (3, 1, 1) + α(2, 2, 1).

5. Sejam as retas r: X = (1, 0, 3) + α(1, 1, 0), s: X = (1, −1, −1) + α(1, 2, 4) e t: X = (1, 1, 0) + (2, −1, 0), avalie as afirmações a seguir:

   I. A distância de r ao plano π: z = 0 é 3.
   II. A reta r é concorrente com a reta s.
   III. A medida angular entre as retas r e t é 90°.

   É(são) verdadeira(s) a(s) afirmação(ões):

   a) I e II.
   b) I apenas.
   c) III apenas.
   d) II apenas.

Atividades de aprendizagem

Questões para reflexão

1. Pesquise sobre como ocorre a formação do arco-íris. Podemos simular a refração da luz em uma gota de água, representando a entrada da luz por uma reta e a saída por outra reta. Com essas informações, elabore um plano de ensino em que se utilize o arco-íris para trabalhar ângulo entre retas.

2. Com base nos conteúdos estudados neste capítulo, elabore um resumo que relacione os métodos de determinar a posição relativa de retas, planos e entre reta e plano com a distância e a medida angular entre eles. É possível identificar um único método para classificar a posição relativa, a medida angular e a distância entre retas, planos e entre reta e plano? Se sim, descreva esse método.

3. No ensino médio, estudamos sobre distância entre pontos no plano, sobre equações da reta no plano e sobre ângulos. Relacione as equações aprendidas no ensino médio com as vistas neste capítulo. Encontre uma fórmula para determinar a distância de um ponto até uma reta no plano e para determinar o ângulo entre duas retas no plano.

Atividades aplicadas: prática

1. Obtenha uma equação vetorial da reta t que forma ângulos congruentes com os eixos coordenados e é concorrente com $r: 2x - 2 = 3y - 3 = -2z$ e $s: X = (1, 2, 0) + \lambda(5, 3, 1)$.

2. O retângulo ABCD tem BC como diagonal e está contido no plano $\pi: x + y + z = 0$. As retas AB e BC formam ângulo de 30°. Determine B, C e D, sabendo que $A = (1, -1, 0)$ e que B pertence à reta $r: X = (0, 1, 1) + \lambda(1, 1, 0)$.

3. Obtenha um vetor diretor da reta que é paralela ao plano $\pi: x + y + z = 0$ e forma ângulo de 45° com o plano $\pi_1: x - y$.

4. Obtenha os pontos da intersecção dos planos $\pi_1: x + y = 2$ e $\pi_2: y + z$, que distam $\sqrt{\dfrac{14}{3}}$ da reta $s: x = y = z + 1$.

A BELEZA DAS CÔNICAS

Neste capítulo, examinaremos os aspectos e as propriedades geométricas das cônicas: elipse, hipérbole e parábola. Utilizando isometrias (translações e rotações), também analisaremos se determinada equação corresponde a uma cônica.

6.1 Elipse, hipérbole e parábola

As cônicas, ou seções cônicas, resultam da intersecção do plano com um cone de duas folhas, podendo ser um ponto, uma reta, um par de retas concorrentes, um par de retas paralelas, uma circunferência, uma elipse ou uma hipérbole. O geômetra grego Apolônio de Perga (262 a.C.- -194 a.C.) escreveu uma obra completa, com oito volumes, sobre cônicas. Apesar de outros geômetras da Antiguidade já terem escrito a respeito do assunto, sua obra foi a mais aprofundada. Seu trabalho influenciou outros estudiosos, como Ptolomeu (90 d.C.-168 d.C.), com aplicações em ótica; Johannes Kepler (1571-1630), no estudo das órbitas dos planetas; e Galileu Galilei (1564-1642), nos estudos da trajetória de projéteis.

Figura 6.1 – Cônicas

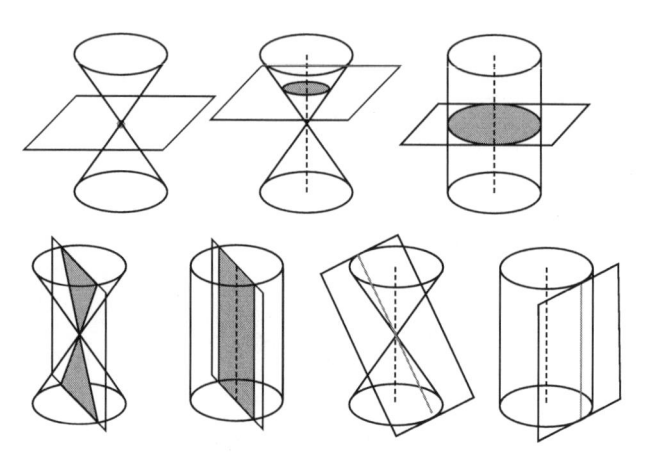

Fonte: Srepre, 2011.

Curiosidade

Os termos *elipse*, *hipérbole* e *parábola* não estavam relacionados, inicialmente, às seções cônicas. Esses termos foram usados nas soluções de problemas quando a base da figura construída era mais curta, mais comprida ou de mesmo comprimento que dado segmento. *Hipérbole* vem de *hyperbolé*, que significa "excesso", "exagero", "ato de atirar além". *Elipse* vem de *elleipsis*, que significa "ato de não chegar a", "defeito". *Parábola* vem de *parabolé*, que significa "comparação".

6.1.1 Elipse

Definição: Sejam F_1 e F_2 pontos distintos, 2c a distância entre eles e a um número real maior que c, o lugar geométrico dos pontos X tais que $d(X, F_1) + d(X, F_2) = 2a$ é chamado de *elipse*. Vejamos seus elementos:

- F_1 e F_2 são os focos.
- $2c$ é a distância focal.
- F_1F_2 é o segmento focal.
- $\overleftrightarrow{F_1F_2}$ é a reta focal.
- A corda da elipse é qualquer segmento com extremidades pertencentes à elipse.
- A_1 e A_2, pontos de intersecção da reta focal com a elipse, são os vértices.
- B_1 e B_2, pontos de intersecção da mediatriz do segmento focal com a elipse, são os vértices.
- A corda A_1A_2 é o eixo maior e mede 2a.
- A corda B_1B_2 é o eixo menor e mede 2b.
- A amplitude focal é o comprimento de uma corda perpendicular ao segmento focal e que passa por um dos focos.
- O retângulo que tem comprimento dos lados 2a e 2b, como na Figura 6.2, é chamado de *retângulo fundamental*.
- A excentricidade diz respeito a quanto os focos estão afastados ou próximos do centro da elipse. É dada por $e = \frac{c}{a}$, sendo que, quanto mais próxima de 0, mais arredondada é a elipse e, quanto mais próxima de 1, mais alongada.

Temos algumas relações importantes: $a^2 = b^2 + c^2$, $a > b > 0$ e $a > c$.

Figura 6.2 – Elipse

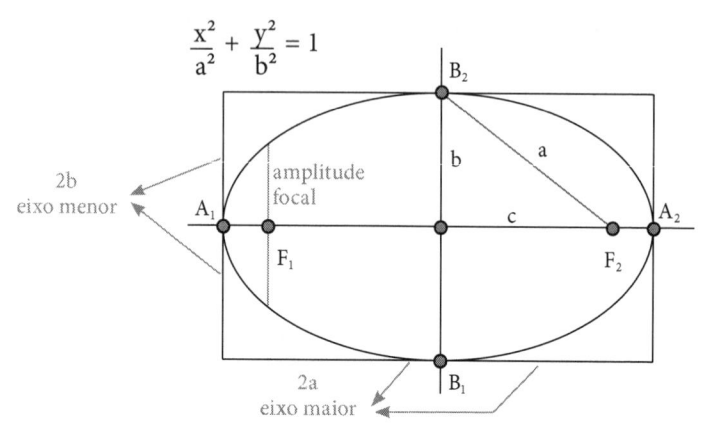

$$\frac{x^2}{a^2} + \frac{y^2}{b^2} = 1$$

Vamos considerar o centro da elipse na origem de um sistema de coordenadas ortogonal. Então, os focos têm coordenadas $F_1 = (-c, 0)$ e $F_2 = (c, 0)$. Um ponto $X = (x, y)$ da elipse satisfaz $d(X, F_1) + d(X, F_2) = 2a$. Substituindo as coordenadas, temos:

$$\sqrt{(-c - x)^2 + (0 - y)^2} + \sqrt{(c - x)^2 + (0 - y)^2} = 2a$$

$$\sqrt{c^2 + 2cx + x^2 + y} + \sqrt{c^2 - 2cx + x^2 + y^2} = 2a$$

$$\sqrt{c^2 + 2cx + x^2 + y} = 2a - \sqrt{c^2 - 2cx + x^2 + y^2}$$

$$c^2 + 2cx + x^2 + y = 4a^2 - 4a\sqrt{c^2 - 2cx + x^2 + y^2} + c^2 - 2cx + x^2 + y^2$$

$$cx - a^2 = a\sqrt{c^2 - 2cx + x^2 + y^2}$$

$$c^2x^2 - 2cxa^2 + a^4 = a^2(c^2 - 2cx + x^2 + y^2)$$

$$a^2(a^2 - c^2) = x^2(a^2 - c^2) + a^2y^2$$

Considerando a igualdade $a^2 = b^2 + c^2$, vamos substituir $a^2 - c^2 = b^2$:

$$a^2b^2 = x^2b^2 + a^2y^2$$

$$1 = \frac{x^2}{a^2} + \frac{y^2}{b^2}$$

A equação $\frac{x^2}{a^2} + \frac{y^2}{b^2} = 1$ é chamada de **equação reduzida da elipse**.

Observe que tomamos os focos no eixo x, mas também poderíamos ter escolhido os focos no eixo y. Dessa maneira, obteríamos a equação $\frac{x^2}{b^2} + \frac{y^2}{a^2} = 1$ e o gráfico apresentado a seguir.

Figura 6.3 – Elipse: focos no eixo Oy

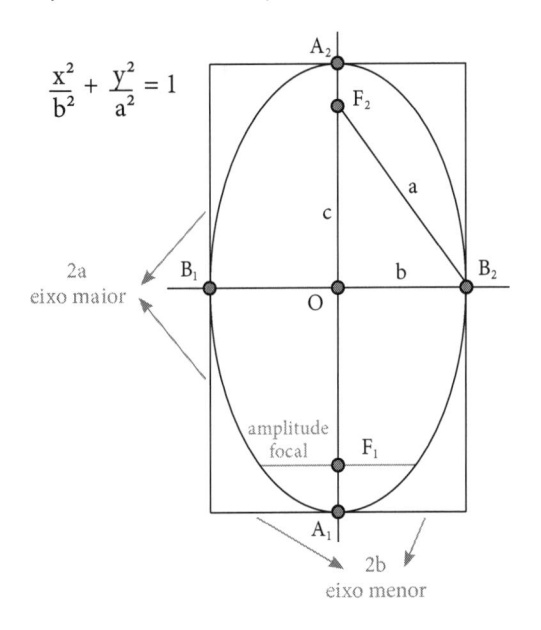

$$\frac{x^2}{b^2} + \frac{y^2}{a^2} = 1$$

Exemplo 1

Vamos determinar a equação reduzida, as coordenadas dos vértices e dos focos, a distância focal, os tamanhos dos eixos maior e menor, os valores de a, b e c e a excentricidade da elipse. A elipse está centrada na origem, as extremidades do eixo menor são $(0, 4)$ e $(0, -4)$, e o ponto $(3, 3.2)$ pertence à elipse.

Como as extremidades do eixo menor são $(0, 4)$ e $(0, -4)$, então $b = 4$, e os focos estão no eixo x. Portanto, a equação reduzida da elipse é:

$$\frac{x^2}{a^2} + \frac{y^2}{b^2} = 1$$

Temos que o ponto $(3, 3.2)$ pertence à elipse, logo ele satisfaz a equação anterior:

$$\frac{9}{a^2} + \frac{10,2}{16} = 1$$

Resolvendo a equação, temos a = 5. Portanto, a equação reduzida da elipse é:

$$\frac{x^2}{25} + \frac{y^2}{16} = 1$$

Os vértices do eixo x são (5, 0) e (-5, 0), o eixo maior mede 2a = 10, e o eixo menor mede 2b = 8. Utilizando a relação $a^2 = b^2 + c^2$, temos que c = 3. As coordenadas dos focos são (3, 0) e (-3, 0), a distância focal é 2c = 6, e a excentricidade é e = $\frac{c}{a} = \frac{3}{5}$ = 0,6.

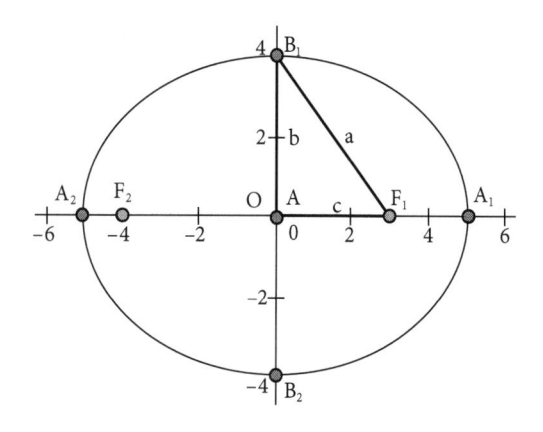

Exemplo 2

Dada a equação $4x^2 + 9y^2 = 36$ da elipse, vamos determinar a equação reduzida, as coordenadas dos vértices e dos focos, a distância focal, os tamanhos dos eixos maior e menor, os valores de *a*, *b* e *c* e a excentricidade.

Dividindo toda a equação por 36, temos:

$$\frac{x^2}{9} + \frac{y^2}{4} = 1$$

Como a > b > 0, então a^2 = 9, logo a = 3 e b^2 = 4; assim, b = 2. Da relação $a^2 = b^2 + c^2$ temos que c = $\sqrt{5}$. A medida do eixo maior é

$2a = 6$, a do eixo menor é $2b = 4$, e a distância focal é $2c = 2\sqrt{5}$. As coordenadas dos vértices são $(3, 0)$, $(-3, 0)$, $(0, 2)$ e $(0, -2)$ e as coordenadas dos focos são $(\sqrt{5}, 0)$ e $(-\sqrt{5}, 0)$. A excentricidade é $e = \dfrac{c}{a} = \dfrac{\sqrt{5}}{3}$.

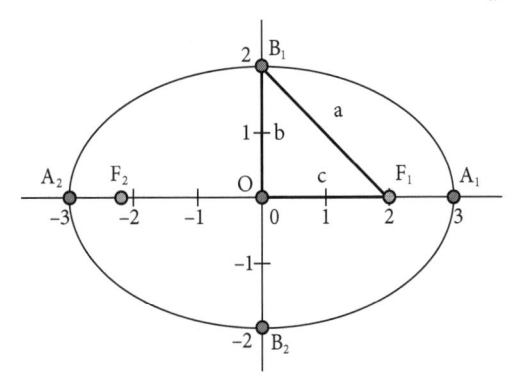

Tratamos de elipses com o centro no ponto $(0, 0)$, ou seja, na origem. Vamos agora estudar as elipses com centros deslocados, isto é, com centro diferente do ponto $(0, 0)$; assim, a elipse pode estar em qualquer região do plano. Para elipses que não têm centro na origem do sistema de coordenadas, temos:

- A equação da elipse com centro em $O' = (x_0, y_0)$ e o eixo maior paralelo ao eixo Ox sendo $\dfrac{(x - x_0)^2}{a^2} + \dfrac{(y - y_0)^2}{b^2} = 1$:

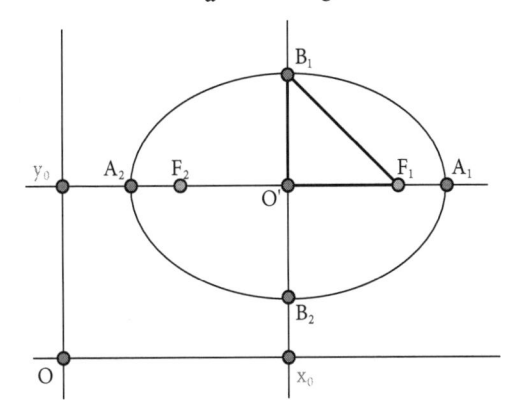

- A equação da elipse com centro em $O' = (x_0, y_0)$ e o eixo maior paralelo ao eixo Oy sendo $\dfrac{(x - x_0)^2}{b^2} + \dfrac{(y - y_0)^2}{a^2} = 1$:

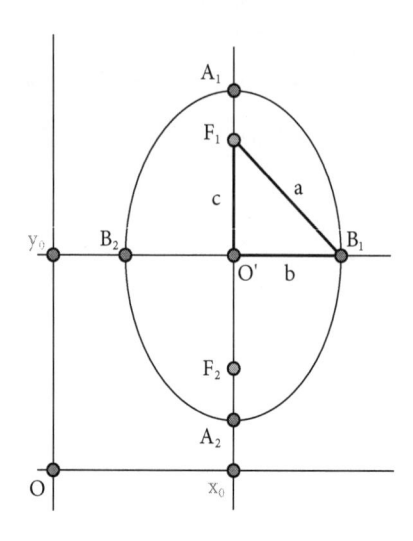

Exemplo 3

Vamos determinar e representar graficamente as coordenadas dos focos, dos vértices e do centro da elipse de equação $\frac{(x-3)^2}{9} + \frac{(y+1)^2}{25} = 1$.

Da equação temos que o centro é $O' = (3, -1)$, $a^2 = 25$, $a = 5$, $b^2 = 9$, $b = 3$. Da relação $a^2 = b^2 + c^2$ temos que $c = 4$. Os focos têm coordenadas $F_1 = (3, 4, -1) = (3, 3)$ e $F_2 = (3, -4, -1) = (3, -5)$, e as coordenadas dos vértices são $A_1 = (3, 5, -1) = (3, 4)$, $A_2 = (3, -5, -1) = (3, -6)$, $B_1 = (3 + 3, -1) = (6, -1)$ e $B_2 = (-3 + 3, -1) = (0, -1)$.

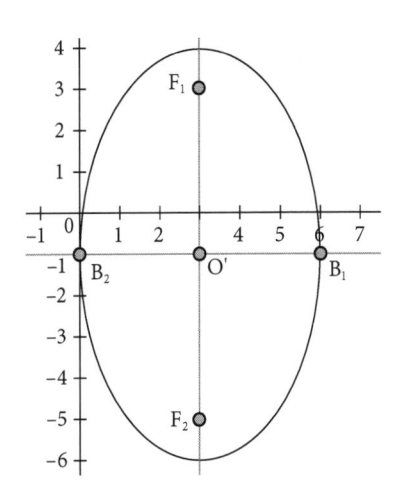

Fique atento!

Se a excentricidade da elipse e = 0, temos uma circunferência de raio *a* e os focos coincidem. Lembremos que, dado um ponto O e uma medida *r*, os pontos do plano que distam *r* de O formam o que chamamos de *circunferência de centro O e raio r*.

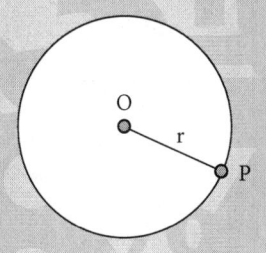

6.1.2 Hipérbole

Definição: Sejam F_1 e F_2 pontos distintos, 2c a distância entre eles e *a* um número real tal que $0 < a < c$, o lugar geométrico dos pontos X tais que $|d(X, F_1) - d(X, F_2)| = 2a$ é chamado de *hipérbole*. Vejamos seus elementos:

- F_1 e F_2 são os focos.
- 2c é a distância focal.

- F_1F_2 é o segmento focal.
- $\overleftrightarrow{F_1F_2}$ é a reta focal.
- A corda da hipérbole é qualquer segmento com extremidades pertencentes à hipérbole.
- A_1 e A_2, pontos de intersecção da reta focal, são os vértices.
- B_1 e B_2 são pontos com coordenadas $(0, -b)$ e $(0, b)$, tais que $c^2 - a^2 = b^2$.
- A corda A_1A_2 é o eixo transverso e mede 2a.
- A corda B_1B_2 é o eixo conjugado e mede 2b.
- A amplitude focal é o comprimento de uma corda perpendicular ao segmento focal e que passa por um dos focos.
- O retângulo que tem comprimento dos lados 2a e 2b, como na Figura 6.4, é chamado de *retângulo fundamental*.
- As retas assíntotas contêm as diagonais do retângulo fundamental.
- A excentricidade da elipse é dada por $e = \dfrac{c}{a}$, sendo que, se é próxima de 1, então os ramos da hipérbole são mais fechados próximos aos vértices e, se é muito maior que 1, então os ramos são próximos das retas assíntotas. Observe que $e > 1$.

Curiosidade

Kepler atestou que as órbitas dos planetas ao redor do Sol são elípticas. A órbita da Terra tem o valor de a = 153.493.000 km e b = 153.454.000 km e excentricidade 0,0167, o que representa, aproximadamente, uma circunferência.

As pontes têm arcos com formas elípticas. Também a planta baixa do Coliseu, em Roma, tem forma de elipse, com eixo maior medindo 188 m e eixo menor 156 m.

Temos algumas relações importantes: $c^2 = b^2 + a^2$, $c > b > 0$ e $c > a > 0$.

Figura 6.4 – Hipérbole

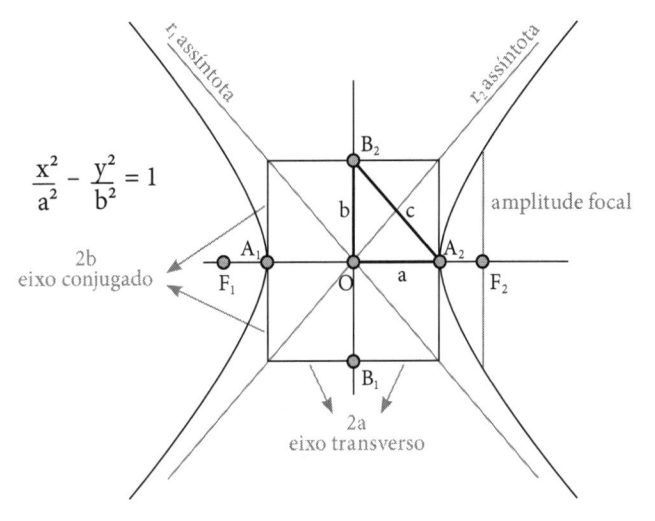

$\dfrac{x^2}{a^2} - \dfrac{y^2}{b^2} = 1$

2b eixo conjugado

amplitude focal

2a eixo transverso

Vamos considerar o centro da hipérbole na origem de um sistema de coordenadas ortogonal, $O = (0, 0)$, então os focos têm coordenadas $F_1 = (-c, 0)$ e $F_2 = (c, 0)$. Um ponto $X = (x, y)$ da hipérbole satisfaz $|d(X, F_1) - d(X, F_2)| = 2a$. Substituindo as coordenadas, temos:

$$\left| \sqrt{(-c-x)^2 + (0-y)^2} - \sqrt{(c-x)^2 + (0-y)^2} \right| = 2a$$

$$\sqrt{c^2 + 2cx + x^2 + y^2} = \pm 2a + \sqrt{c^2 - 2cx + x^2 + y^2}$$

$$a^2(c^2 - a^2) = x^2(c^2 - a^2) - a^2 y^2$$

Considerando a igualdade $c^2 = a^2 + c^2$, vamos substituir $c^2 - a^2 = b^2$:

$$a^2 b^2 = x^2 b^2 - a^2 y^2$$

$$1 = \dfrac{x^2}{a^2} - \dfrac{y^2}{b^2}$$

A equação $\dfrac{x^2}{a^2} - \dfrac{y^2}{b^2} = 1$ é chamada de **equação reduzida da hipérbole**. Nesse caso, as equações das assíntotas são: $r_1: y = -\dfrac{b}{a}x$ e $r_2: y = \dfrac{b}{a}x$.

Observe que tomamos os focos no eixo x, mas poderíamos ter escolhido os focos no eixo y. Dessa maneira, obteríamos a seguinte equação: $-\dfrac{x^2}{b^2} + \dfrac{y^2}{a^2} = 1$.

As assíntotas têm equações $r_1: y = -\frac{a}{b}x$ e $r_2: y = \frac{a}{b}x$, e o gráfico é o apresentado a seguir.

Figura 6.5 – Hipérbole: focos no eixo Oy

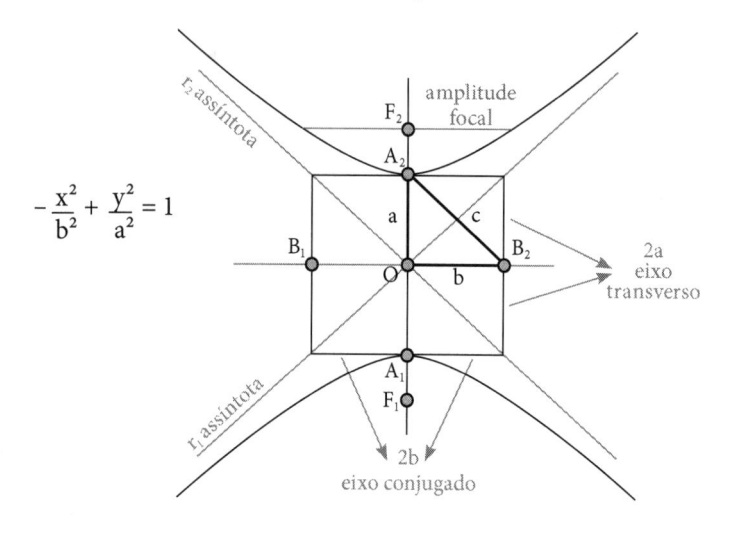

$$-\frac{x^2}{b^2} + \frac{y^2}{a^2} = 1$$

Exemplo 4

Vamos determinar a equação reduzida da hipérbole centrada na origem, com uma das assíntotas $y = \frac{\sqrt{5}}{2}x$ e um dos focos $F = (0, 3)$.

Como as coordenadas de um dos focos é $F = (0, 3)$, então $c = 3$, e os focos estão no eixo Oy. Logo, a equação é:

$$-\frac{x^2}{b^2} + \frac{y^2}{a^2} = 1$$

Da equação da assíntota $y = \frac{\sqrt{5}}{2}x$ temos $\frac{a}{b} = \frac{\sqrt{5}}{2}$, portanto $a = \frac{b\sqrt{5}}{2}$. Substituindo na relação $c^2 = a^2 + b^2$, temos $b = 2$ e, consequentemente, $a = \sqrt{5}$. A equação reduzida da hipérbole é:

$$-\frac{x^2}{4} + \frac{y^2}{5} = 1$$

GEOMETRIA ANALÍTICA

A equação da hipérbole com centro em $O' = (x_0, y_0)$ e com eixo transverso paralelo ao eixo Ox é:

$$\frac{(x - x_0)^2}{a^2} - \frac{(y - y_0)^2}{b^2} = 1$$

As equações das assíntotas são:

$$y - y_0 = \frac{b}{a}(x - x_0) \text{ e } y - y_0 = -\frac{b}{a}(x - x_0)$$

A equação da hipérbole com centro em $O' = (x_0, y_0)$ e com eixo transverso paralelo ao eixo Oy é:

$$-\frac{(x - x_0)^2}{b^2} + \frac{(y - y_0)^2}{a^2} = 1$$

As equações das assíntotas são:

$$y - y_0 = \frac{a}{b}(x - x_0) \text{ e } y - y_0 = -\frac{a}{b}(x - x_0)$$

Exercício resolvido 1

Represente graficamente a hipérbole de equação $\frac{(x-2)^2}{16} + \frac{(y+1)^2}{9} = 1$.

O centro da hipérbole é $O' = (2, -1)$, $a^2 = 16$, então $a = 4$, $b^2 = 9$, logo $b = 3$. Pela relação $c^2 = a^2 + b^2$, temos que $c = 5$. As coordenadas dos focos são $F_1 = (5 + 2, -1)$ e $F_2 = (-5 + 2, -1)$, os vértices são $A_1 = (4 + 2, -1)$ e $A_2 = (-4 + 2, -1)$, e as assíntotas têm as equações $4y - 3x + 10 = 0$ e $4y + 3x - 2 = 0$.

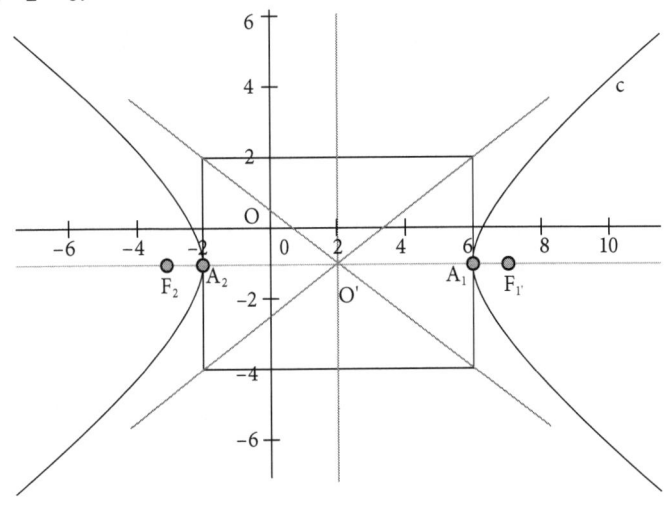

6.1.3 Parábola

Definição: Sejam r uma reta e F um ponto não pertencente a ela, o lugar geométrico dos pontos X equidistantes de F e de r, $d(X, F) = d(X, r)$, chama-se *parábola*. Vejamos seus elementos:

- F é o foco.
- A reta r é chamada de *diretriz*.
- $d(F, r) = 2p$, tal que p é um número positivo chamado de *parâmetro*.
- A reta que contém o foco e é perpendicular à diretriz chama-se *eixo*.
- Se Q é o ponto de intersecção da reta r com o eixo, o ponto médio de QF é chamado de *vértice*, que denotamos por V.
- A corda da parábola é qualquer segmento com extremidades pertencentes à parábola.
- A amplitude focal é o comprimento de uma corda perpendicular ao eixo e que passa pelo foco.
- Se A e B são extremidades da corda que contém o foco e é perpendicular ao eixo, o triângulo AVB é chamado de *triângulo fundamental*. O triângulo AVB é isósceles de base AB.

Figura 6.6 – Parábola

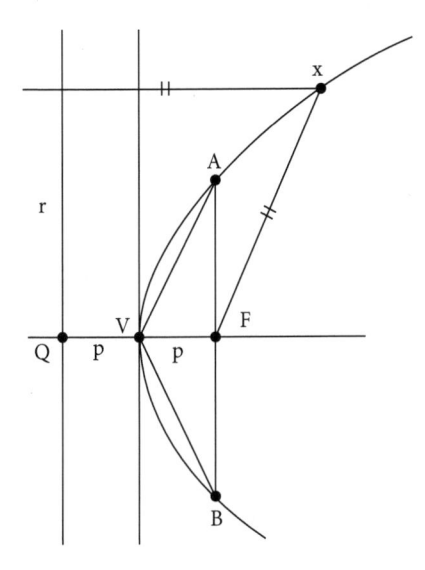

Vamos considerar o centro da parábola na origem de um sistema de coordenadas ortogonal; então, o foco tem coordenadas $F = (p, 0)$ e a diretriz tem equação $r: x = -p$. Um ponto $X = (x, y)$ da parábola satisfaz $d(X, r) = d(X, F)$. Substituindo as coordenadas, temos:

$$|x + p| = \sqrt{(x - p)^2 + y^2}$$

$$|x + p|^2 = (x - p)^2 + y^2$$

$$x^2 + 2px + p^2 = x^2 - 2px + p^2 + y^2$$

$$y^2 = 4px$$

A equação $y^2 = 4px$ é chamada de **equação reduzida da parábola**. A Figura 6.6 representa a parábola descrita por essa equação.

Podemos considerar também o foco com coordenadas:

- $F = (-p, 0)$ e a reta diretriz tem equação $r: x = p$, então a equação da parábola é $y^2 = -4px$;

- $F = (0, p)$ e a reta diretriz tem equação $r: y = -p$, então a equação da parábola é $x^2 = 4py$;

- $F = (0, -p)$ e a reta diretriz tem equação $r: y = p$, então a equação da parábola é $x^2 = -4py$.

Figura 6.7 – Parábolas: focos em Ox e Oy

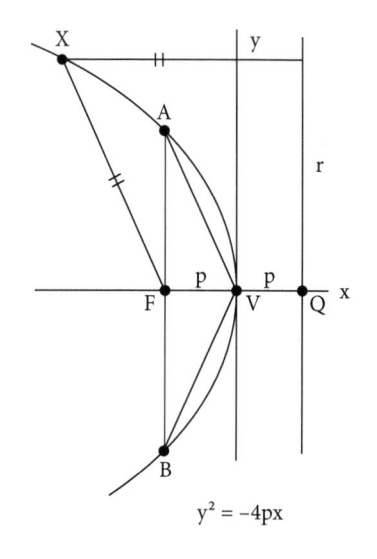

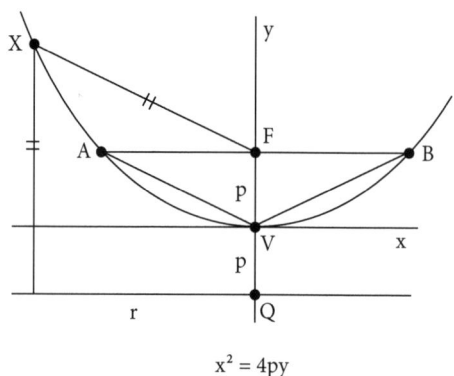

$y^2 = -4px$

$x^2 = 4py$

$x^2 = -4py$

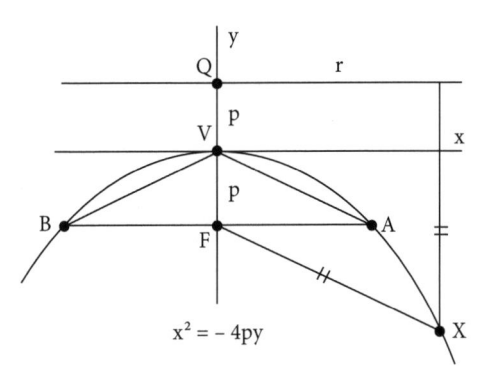

Exemplo 5

Vamos determinar a equação da parábola que tem o vértice na origem (0, 0) e diretriz d: $x - 2 = 0$. Da diretriz temos que $p = 2$, e a equação é do tipo $y^2 = -4px$, logo a equação da parábola é $y^2 = -8x$.

A equação da parábola com centro que coincide com o vértice $V' = (x_0, y_0)$ e diretriz paralela ao eixo Oy é $(y - y_0)^2 = 2p(x - x_0)$. Desenvolvendo a equação, temos:

$$y^2 - 2yy_0 + y_0^2 = 2px - 2px_0$$

$$2px = y^2 - 2yy_0 + y_0^2 + 2px_0$$

$$x = \frac{y^2}{2p} - \frac{2y_0 y}{2p} + \frac{y_0^2 + 2px_0}{2p} = \frac{1}{2p}y^2 + \left(-\frac{y_0}{2p}\right)y + \frac{y_0^2 + 2px_0}{2p}$$

Considerando $a = \frac{1}{2p}$, $b = -\frac{y_0}{p}$ e $c = \frac{y_0^2 + 2px_0}{2p}$ e fazendo a substituição na equação acima, temos:

$$x = ay^2 + by + c$$

A equação da parábola com centro que coincide com o vértice $V' = (x_0, y_0)$ e diretriz paralela ao eixo Ox é $(x - x_0)^2 = 2p(y - y_0)$. Desenvolvendo a equação, temos:

$$x^2 - 2xx_0 + x_0^2 = 2py - 2py_0$$

$$2py = x^2 - 2xx_0 + x_0^2 + 2py_0$$

$$y = \frac{x^2}{2p} - \frac{2x_0 x}{2p} + \frac{x_0^2 + 2py_0}{2p} = \frac{1}{2p}x^2 + \left(-\frac{x_0}{2p}\right)x + \frac{x_0^2 + 2py_0}{2p}$$

Considerando $a = \dfrac{1}{2p}$, $b = -\dfrac{x_0}{p}$ e $c = \dfrac{x_0^2 + 2py_0}{2p}$ temos:

$$y = ax^2 + bx + c$$

Curiosidade

As partes de um farol de automóvel têm o formato de uma parábola, e a lâmpada está situada no foco. Também é utilizada a parábola para a construção de espelhos para telescópios e antenas parabólicas. Nesses casos, é utilizada a informação de que os raios incidem na parábola e são refletidos numa mesma direção, paralelamente ao eixo da parábola.

6.2 Identificação de uma cônica

Vamos considerar um sistema ortogonal de coordenadas.

Definição: Cônica é o lugar geométrico dos pontos $X = (x, y)$ que satisfazem uma equação de segundo grau $ax^2 + bxy + cy^2 + dx + ey + f = 0$. Os termos ax^2, bxy e cy^2 são chamados de *termos do 2º grau*. Os termos dx e ey são chamados de *termos do 1º grau*, e f é o termo independente.

As cônicas podem ser o conjunto vazio, ou o conjunto formado por um ponto, por uma reta, por duas retas paralelas ou por duas retas concorrentes, ou uma elipse, ou uma hipérbole, ou uma parábola.

Vamos considerar sistemas de coordenadas ortogonais e escrever as equações de translação do sistema de coordenadas com origem O e base E, denotado por S_1 para um sistema de mesma base, mas com origem em $O = (h, k)_{S_1}$, denotado por S_2. Então:

$$\begin{cases} x = h + u \\ y = k + v \end{cases}$$

Agora, vamos escrever as equações de rotação. Os sistemas têm a mesma origem O. Observando a figura, temos:

$$\begin{cases} x = u\cos(\theta) - v\sen(\theta) \\ y = u\sen(\theta) + v\cos(\theta) \end{cases}$$

Geometria Analítica

Classificação de uma cônica: Considerando-se a equação $ax^2 + bxy + cy^2 + dx + ey + f = 0$ e Δ o determinante da matriz, temos:

$$\begin{vmatrix} 2a & b & d \\ b & 2c & e \\ d & e & f \end{vmatrix}$$

Se $b^2 - 4ac = 0$	$\Delta \neq 0$	parábola
	$\Delta = 0$	uma reta ou um par de retas paralelas
Se $b^2 - 4ac > 0$	$\Delta \neq 0$	hipérbole
	$\Delta = 0$	um par de retas concorrentes
Se $b^2 - 4ac < 0$	$\Delta \neq 0$	elipse
	$\Delta = 0$	um ponto

Observação: Serão úteis as relações:

$$\text{tg}(2\theta) = \frac{b}{a-c}, \ 0° \leq \theta \leq 90°, \text{ se } a = c, \text{ então } \theta = 45°$$

$$\text{tg}(2\theta) = \frac{2\text{tg}(\theta)}{1 - \text{tg}^2(\theta)}, \ \sec^2(\theta) = 1 + \text{tg}^2(\theta), \ \text{sen}^2(\theta) + \cos^2(\theta) = 1$$

Se $b^2 - 4ac = 0$, então fazemos primeiro a rotação e depois a translação; caso $b^2 - 4ac \neq 0$, fazemos primeiro a translação e depois a rotação.

Exemplo 6

Dada a equação $5x^2 + 4xy + 8y^2 - 14x - 20y - 19 = 0$:

a. Determine a cônica.

O determinante da matriz não é nulo, então a cônica é uma elipse.

b. Encontre as coordenadas do centro.

Vamos fazer primeiro a translação ($b^2 - 4ac \neq 0$):

$$\begin{cases} x = h + u \\ y = k + v \end{cases}$$

Substituindo na equação $5x^2 + 4xy + 8y^2 - 14x - 20y - 19 = 0$ e fazendo os termos lineares serem nulos, temos:

$$\begin{cases} 10h + 4k - 14 = 0 \\ 4h + 16k - 20 = 0 \end{cases}$$

Resolvendo o sistema, temos que $h = 1$ e $k = 1$, então as coordenadas do centro são $(1, 1)$. Observe que o sistema é o mesmo formado pelas duas primeiras linhas da matriz. Substituindo os valores, temos:

$$5u^2 + 4uv + 8v^2 - 36 = 0$$

c. Calcule a equação reduzida da cônica.

Agora, vamos eliminar o termo misto, ou seja, vamos fazer a rotação para a equação $5u^2 + 4uv + 8v^2 - 36 = 0$:

$$\text{tg}(2\theta) = \frac{b}{a - c} = -\frac{4}{3}$$

Utilizando as relações $\dfrac{2\text{tg}(\theta)}{1 - \text{tg}^2(\theta)} = \text{tg}(2\theta)$, $\sec^2(\theta) = 1 + \text{tg}^2(\theta)$, $\text{sen}^2(\theta) + \cos^2(\theta) = 1$, temos $\text{sen}(\theta) = \dfrac{2}{\sqrt{5}}$ e $\cos(\theta) = \dfrac{1}{\sqrt{5}}$, resultando em:

$$\begin{cases} x = u'\cos(\theta) - v'\,\text{sen}(\theta) \\ y = u'\cos(\theta) + v'\,\text{sen}(\theta) \end{cases}$$

Substituindo na equação $5u^2 + 4uv + 8v^2 - 36 = 0$, temos:

$$\frac{u'^2}{7} + \frac{v'^2}{9} = 1$$

d. Faça um esboço da cônica.

Temos que $a = 5$, $b = 4$, $c = 8$, $d = -14$, $e = -20$ e $f = -19$. Como $b^2 - 4ac = -144$, então a cônica é uma elipse ou um ponto. Temos:

$$\begin{vmatrix} 2a & b & d \\ b & 2c & e \\ d & e & 2f \end{vmatrix} = \begin{vmatrix} 10 & 4 & -14 \\ 4 & 16 & -20 \\ -14 & -20 & -38 \end{vmatrix}$$

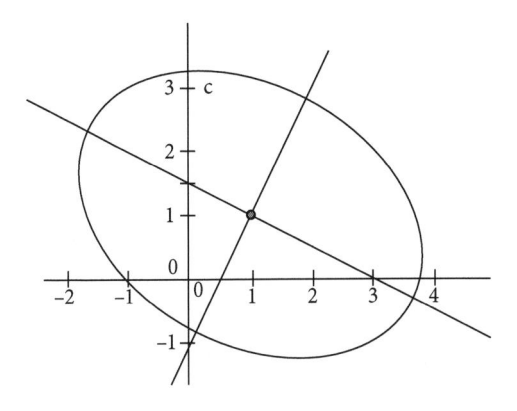

Exemplo 7

Dada a equação $2x^2 + xy - y^2 + 7x + y + 6 = 0$, vamos determinar a cônica. Caso seja uma elipse, uma hipérbole ou uma parábola, devemos escrever sua equação reduzida; caso seja um ponto, devemos escrever suas coordenadas; caso seja uma reta, retas concorrentes ou paralelas, devemos escrever a equação de cada uma das retas.

Temos que $a = 2$, $b = 1$, $c = -1$, $d = 7$, $e = 1$ e $f = 6$. Como $b^2 - 4ac = 9$, a cônica é uma hipérbole ou um par de retas concorrentes. Temos:

$$\begin{vmatrix} 2a & b & d \\ b & 2c & e \\ d & e & 2f \end{vmatrix} = \begin{vmatrix} 4 & 1 & 7 \\ 1 & -2 & 1 \\ 7 & 1 & 12 \end{vmatrix}$$

O determinante da matriz é nulo, então a cônica é um par de retas concorrentes.

Reescrevendo a equação $2x^2 + xy - y^2 + 7x + y + 6 = 0$, temos:

$$2x^2 + x(y + 7) - y^2 + y + 6 = 0$$

Resolvendo a equação do segundo grau em x, temos:

$$x = \frac{-(y+7) \pm \sqrt{(y+7)^2 - 4 \cdot 2 \cdot (-y^2 + y + 6)}}{4}$$

$$x = \frac{-(y+7) \pm (3y+1)}{4}$$

As equações das retas concorrentes são:

$$2x - y + 3 = 0 \text{ e } x + y + 2 = 0$$

Para saber mais

Você pode encontrar mais informções sobre cônicas no livro *Cônicas e quádricas*, de Jacir Venturi. Este e outros dois livros podem ser acessados gratuitamente no *site* Geometria Analítica.

VENTURI, J. J. **Cônicas e quádricas**. 5. ed. Curitiba: [s.n.], 2006. Disponível em: <http://geometriaa.dominiotemporario.com/livros/cq.pdf>. Acesso em: 26 out. 2015.

Síntese

Neste capítulo, examinamos as cônicas, em especial a elipse, a hipérbole e a parábola. Conhecendo esses conceitos, podemos reconhecer e representar geometricamente as cônicas e suas características. Conseguimos transitar entre o algébrico e o geométrico, pois, dada a equação da cônica, podemos representá-la em um gráfico.

Atividades de autoavaliação

1. Assinale a alternativa que corresponde à equação do gráfico a seguir:

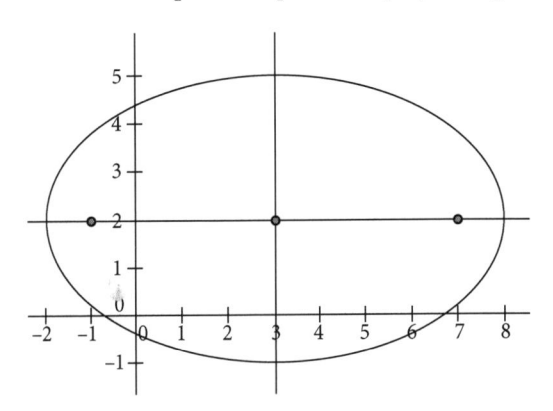

   a) $\dfrac{(x+3)^2}{25} + \dfrac{(y+2)^2}{9} = 1$

   b) $\dfrac{(x+3)^2}{9} + \dfrac{(y+2)^2}{25} = 1$

   c) $\dfrac{(x-3)^2}{25} + \dfrac{(y-2)^2}{9} = 1$

   d) $\dfrac{(x-3)^2}{9} + \dfrac{(y-2)^2}{25} = 1$

2. Dada a equação $\dfrac{x^2}{144} - \dfrac{y^2}{81} = 1$, assinale a alternativa correta:

   a) Os focos têm coordenadas (0, 15) e (0, –15).
   b) Os vértices têm coordenadas (0, 9) e (0, –9).
   c) O eixo transverso é paralelo ao eixo Oy.
   d) A intersecção da cônica com a reta x = 10 é vazia.

3. Assinale a alternativa que melhor representa uma elipse de excentricidade muito próxima de zero:

a)

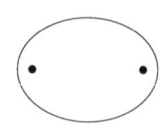

b)

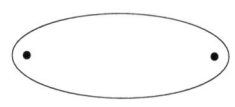

c)

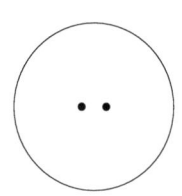

d)

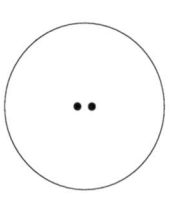

4. Considere as seguintes afirmações:

   I. A equação $x^2 + y^2 - 2x - 2y - 2 = 0$ representa uma circunferência com centro $(1, 1)$ e raio igual a 2.
   II. A elipse que tem focos iguais ao centro é uma circunferência.
   III. A equação $-\dfrac{(x+2)^2}{64} + \dfrac{(y-1)^2}{36} = 1$ representa uma hipérbole com focos $(0, 10)$ e $(0, -10)$.
   IV. O ponto $P = (-1, -2)$ pertence à parábola de diretriz $d: x - 1 = 0$.

São verdadeiras as afirmações:

a) I, II e IV.
b) I e IV.
c) II e IV.
d) I e III.

5. Assinale a alternativa correta:

a) A elipse de equação $\frac{x^2}{8} + \frac{y^2}{12} = 1$ tem focos no eixo Ox.

b) A hipérbole de equação $-\frac{x^2}{16} + \frac{y^2}{9} = 1$ tem assíntotas $y = \frac{3}{4}x$ e $y = -\frac{3}{4}x$.

c) A parábola com vértice $(0, 0)$ e de diretriz $x = -2$ tem foco no eixo Ox negativo.

d) A circunferência $\frac{x^2}{25} + \frac{y^2}{25} = 1$ tem raio 25.

ATIVIDADES DE APRENDIZAGEM

Questões para reflexão

1. As cônicas (elipse, hipérbole e parábola) têm propriedades reflexivas. Pesquise sobre essas propriedades e faça um resumo. Depois, pesquise sobre aplicações das cônicas na engenharia civil, na arquitetura, na medicina e na astronomia.

2. Defina com suas palavras a elipse, a hipérbole e a parábola. Como são obtidas? Por que recebem esses nomes?

3. Pesquise sobre a navegação de longa distância (sistema LORAN) e sua relação com as cônicas. Elabore um texto sobre esse tema e explique como você poderia abordar essa relação em sala de aula.

4. Dadas as equações a seguir, determine a cônica de cada uma. Caso seja uma elipse, uma hipérbole ou uma parábola, escreva sua equação reduzida; caso seja um ponto, escreva suas coordenadas; caso seja uma reta, retas concorrentes ou paralelas, escreva a equação de cada uma das retas.

a) $25x^2 - 30xy + 9y^2 + 10x - 6y + 1 = 0$
b) $3x^2 - 10xy + 3y^2 - 2x - 14y - 13 = 0$
c) $16x^2 + 9y^2 - 24xy - 68x - 74y + 41 = 0$
d) $x^2 + y^2 + 2x + 10y + 26 = 0$
e) $25x^2 - 14xy + 25y^2 + x + 3y - 3 = 0$

Atividades aplicadas: prática

1. Cite e descreva situações e lugares em que encontramos cônicas. Se preciso, realize uma pesquisa sobre esse tema.

2. A elipse, a hipérbole e a parábola podem ser desenhadas com o uso de régua, lápis, barbante e alfinetes. Pesquise sobre esse método e utilize-o para fazer o desenho dessas cônicas.

3. É possível desenhar as cônicas (elipse, hipérbole e parábola) com dobraduras. Explique esse método e aplique-o. Podemos utilizá-lo em sala de aula? Quais são as vantagens e as desvantagens encontradas nessa atividade?

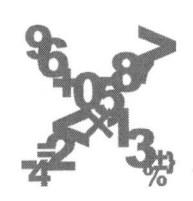

Considerações finais

Encerramos esta obra com a certeza de que ajudamos você, leitor, a compreender os principais assuntos da geometria analítica. Acreditamos que o material cumpriu os objetivos propostos, pois proporcionou ferramentas para auxiliá-lo nos estudos de cálculo e álgebra linear e no ensino da geometria para o ensino médio. Facilitamos também o entendimento de alguns assuntos de álgebra vetorial e de como escrever algebricamente.

Os exemplos, os exercícios resolvidos e as atividades ao final dos capítulos serviram para consolidar o estudo e contribuir para o entendimento dos conteúdos abordados. Temos convicção de que agora, conhecendo a importância e as aplicações da geometria analítica, você tem condições de aprofundar-se cada vez mais no assunto.

Referências

BOULOS, P.; CAMARGO, I. de. **Geometria analítica**: um tratamento vetorial. 3. ed. São Paulo: Prentice Hall, 2005.

FEIRAMATIK. **Coordenadas no espaço**. 22 nov. 2010. Disponível em: <http://stor.pt.cx/feiramatik/2010/11/22/referencial-no-espaco/>. Acesso em: 26 out. 2015.

GARBI, G. G. **C.Q.D.**: explicações e demonstrações sobre conceitos, teoremas e fórmulas essenciais da geometria. São Paulo: Livraria da Física, 2010.

LIMA, E. L. **Álgebra linear**. 3. ed. Rio de Janeiro: Instituto de Matemática Pura e Aplicada, 1998.

RYAN, P. J. **Euclidean and Non-Euclidean Geometry**: an Analytic Approach. New York: Cambridge University Press, 1986.

SREPRE. **Sección cónica**. 15 mayo 2011. Disponível em: <http://srepre12011-comision8.blogspot.com.br/search/label/conicas>. Acesso em: 26 out. 2015.

VENTURI, J. J. **Álgebra vetorial e geometria analítica**. 10. ed. Curitiba: [s.n.], 2015.

VENTURI, J. J. **Cônicas e quádricas**. 5. ed. Curitiba: [s.n.], 2006.

Bibliografia Comentada

VENTURI, J. J. **Álgebra vetorial e geometria analítica**. 9. ed. Curitiba: [s.n.], 2015.

Esse livro trata dos diversos conceitos de geometria analítica com o auxílio da álgebra vetorial. Traz exemplos, exercícios com sugestões de soluções, alguns aspectos históricos e aplicações de determinados conceitos. Apresenta as respostas dos exercícios propostos e um apêndice com diversos problemas para desenvolver o raciocínio que são sugeridos aos alunos de licenciatura como motivação ao estudo da matemática.

VENTURI, J. J. **Cônicas e quádricas**. 5. ed. Curitiba: [s.n.], 2006.

Com uma linguagem fácil, o autor apresenta a translação e a rotação de eixos, os conceitos de elipse, hipérbole e parábola, a equação geral e a classificação das cônicas, quádricas, superfícies esférica e cilíndrica e também a parte histórica de cônicas e quádricas. Todos os capítulos contêm exemplos e exercícios, alguns com sugestões de solução.

BOULOS, P.; CAMARGO, I. de. **Geometria analítica**: um tratamento vetorial. 3. ed. São Paulo: Prentice Hall, 2005.

O livro apresenta, com uma linguagem mais formal, os conceitos da geometria analítica. Inicialmente, os assuntos são abordados com foco na geometria e, ao longo do desenvolvimento do livro, vai sendo acrescentada a álgebra. É composto, também, de exercícios resolvidos e de uma grande quantidade de exercícios com gabarito.

LIMA, E. L. **Álgebra linear**. 3. ed. Rio de Janeiro: Instituto de Matemática Pura e Aplicada, 1998.

O livro trata dos principais assuntos da álgebra linear, com exemplos e exercícios, porém sem as respostas. É mais teórico, mas o leitor não necessita ter conhecimento prévio do assunto.

GARBI, G. G. **C.Q.D.**: explicações e demonstrações sobre conceitos, teoremas e fórmulas essenciais da geometria. São Paulo: Livraria da Física, 2010.

O autor apresenta demonstrações de diversos problemas e teoremas das geometrias plana e espacial. Aborda também alguns aspectos históricos de determinados assuntos. É uma obra interessante para professores da área, que, muitas vezes, ao prepararem suas aulas, necessitam relembrar como ou por que se chegou a determinado resultado, propriedade ou teorema geométrico.

RYAN, P. J. **Euclidean and Non-Euclidean Geometry**: an Analytic Approach. New York: Cambridge University Press, 1986.

A obra aborda a geometria euclidiana (e suas isometrias com vetores), a geometria esférica, o plano projetivo e o plano hiperbólico. Apresenta exercícios com respostas.

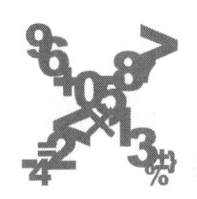

Respostas

Capítulo 1

Atividades de autoavaliação

1. a
2. d
3. c
4. d
5. c

Capítulo 2

Atividades de autoavaliação

1. b
2. b
3. c
4. d
5. a

Capítulo 3

Atividades de autoavaliação

1. c
2. d
3. a
4. b
5. d

Capítulo 4

Atividades de autoavaliação

1. b
2. c
3. a
4. b
5. d
6. c
7. b

Capítulo 5

Atividades de autoavaliação

1. c
2. d
3. c
4. c
5. a

Capítulo 6

Atividades de autoavaliação

1. c
2. d
3. d
4. a
5. c

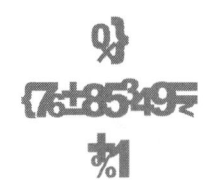

Sobre a autora

Luana Fonseca Duarte Fernandes é mestre, bacharel e licenciada em Matemática pela Universidade Federal do Paraná (UFPR). Atualmente, leciona disciplinas nas áreas de geometria, álgebra, física e estatística em cursos de graduação.

Impressão:
Julho/2023